Nsikak Abraham
Joseph Essien

Bioremediação melhorada

Nsikak Abraham
Joseph Essien

Bioremediação melhorada

ScienciaScripts

Imprint

Any brand names and product names mentioned in this book are subject to trademark, brand or patent protection and are trademarks or registered trademarks of their respective holders. The use of brand names, product names, common names, trade names, product descriptions etc. even without a particular marking in this work is in no way to be construed to mean that such names may be regarded as unrestricted in respect of trademark and brand protection legislation and could thus be used by anyone.

Cover image: www.ingimage.com

This book is a translation from the original published under ISBN 978-3-659-80552-3.

Publisher:
Sciencia Scripts
is a trademark of
Dodo Books Indian Ocean Ltd. and OmniScriptum S.R.L publishing group

120 High Road, East Finchley, London, N2 9ED, United Kingdom
Str. Armeneasca 28/1, office 1, Chisinau MD-2012, Republic of Moldova, Europe
Printed at: see last page
ISBN: 978-620-8-07350-3

ÍNDICE

AGRADECIMENTOS

Um agradecimento especial a Deus Todo-Poderoso, o criador de todas as coisas, por me ter concedido sabedoria e boa saúde ao longo do meu curso de estudos. Os meus agradecimentos especiais vão para o meu supervisor, Prof. J. P. Essien, pela sua orientação e correção deste trabalho. Agradeço também ao meu Chefe de Departamento, Dr. (Sra.) N. U. Asamudo, aos meus professores, Prof. R. Udotong, Prof. A. Y. Itah, Sr. G. E. Udofia e todo o pessoal do Departamento de Microbiologia da Universidade de Uyo, Uyo, pela sua orientação e assistência durante o período da minha carreira académica.

Agradeço, em particular, ao Sr. Kenneth Okon, cuja imensa contribuição tem sido uma fonte de inspiração e o caminho para o meu sucesso. Estou especialmente grato aos meus pais e irmãos, Lady Mercy Ikpe Hanson, Daniel, Ekpeno, Aniekeme, Unwana-Abasi, e aos meus amigos Joy, Imo, OG, Nannake, Nsini e aos que não foram aqui mencionados, pelo seu encorajamento e conselhos que proporcionaram um ambiente de apoio e estímulo para o meu sucesso.

Resumo

Este estudo avaliou o potencial de produção de biossurfactantes e de degradação de hidrocarbonetos aromáticos policíclicos (HAP) de bactérias isoladas de um ecossistema húmico de água doce do rio Eniong, no delta do Níger, na Nigéria. O rastreio e a identificação preliminares dos isolados microbianos húmicos revelaram que, entre os 13 isolados bacterianos com diferentes potenciais de produção de biossurfactantes e de degradação de petróleo bruto, os isolados EHSA$_4$ e EHSC$_1$ apresentaram, respetivamente, os melhores potenciais de degradação de biossurfactantes e de petróleo bruto, bem como de PAH (naftaleno e antraceno). Foram, por conseguinte, caracterizados como *Bacillus subtilis* e *Micrococcus luteus*. A análise do perfil plasmídico mostrou que a produção de biossurfactante por *M. luteus* é mediada por plasmídeo, uma vez que a bactéria perdeu o seu plasmídeo de 7 kbp, bem como o seu potencial de produção de biossurfactante após a cura. A capacidade do produtor de biossurfactante para aumentar a degradação do petróleo bruto por *B. subtilis* foi também analisada utilizando monocultura de *B. subtilis* e consórcio de culturas (incluindo o degradador de óleo - B. *subtilis* e o produtor de biossurfactante - *M. luteus).* A análise revelou que a degradação do petróleo bruto e do seu componente PAH por *B. subtilis* foi melhorada pelo consórcio. A degradação do petróleo bruto por *Bacillus* sp em monocultura resultou numa degradação de 19,65%, uma vez que o teor total de hidrocarbonetos de petróleo (TPH) do petróleo bruto foi reduzido de 20,3467 mg/l para 16,3082 mg/l em 21 dias. Por outro lado, o consórcio bacteriano aumentou a degradação em 46,06% no mesmo período, reduzindo o TPH para 10,9755 mg/l. O aumento da degradação do petróleo bruto induzido pela população bacteriana produtora de biossurfactantes também afectou a carga de PAH do petróleo bruto residual. No decurso dos 21 dias de degradação, o teor total de HAP do petróleo bruto residual degradado apenas por *Bacillus* sp foi de 2,4547 mg/l, contra 2,1833 mg/l por *B. subtilis* e *M. luteus.* Os PAH mais degradados foram o naftaleno, seguido do antraceno, do benzo(a)pireno, do acenaptileno e do benzo(a)antraceno. As potencialidades destas comunidades bacterianas podem ser exploradas para uma utilização mais alargada na remediação de ambientes e terras agrícolas poluídos por petróleo bruto, uma condição inerente e de grande preocupação na região do Delta do Níger da Nigéria, produtora de petróleo

ABREVIATURAS, DEFINIÇÕES, GLOSSÁRIOS E SÍMBOLOS

etc.	and so forth
sp	species
spp	species
w/v	weight per volume
NaCl	Sodium Chloride
pH	Potentials of Hydrogen
ºC	Degree Celsius
mg/L	Milligram per Liter
C	carbon
g/L	Grams per Liter
%	Percentage
CMC	Critical Micelle Concentration
PAHs	Polycyclic Aromatic Hydrocarbons
β	Beta
~	Approximately
>	Greater than
i.e.	that is
≥	Greater than or Equal to
N	Nitrogen
P	Phosphorus

K	Potassium
:	Ratio
N	North
E	East
ml	Milliliters
g	grams
MSM	Mineral Salt Medium
NA	Nutrient Agar
$\pm$	Plus or Minus
m/z	Mass per Charge
EC_{24}	Emulsification Capacity after 24 hours
mm	Millimeters
h	Hours
cm^2	Centimeters square
BS unit	Biosurfactant Unit
v/v	Volume per Volume
M	Moles
rpm	Revolution per Minuites
TVBC	Total Viable Bacterial Count
OD_{550}	Optical density at 550 nanometer
GC-FID	Gas Chromatography coupled with Flame Ionization Detector
KOH	Potassium Hydroxide

min   Minutes

cfu/ml   Colony forming Unit per milles

mµ   millimicron

ev   Electron Volt

kbp   Kilo Base pair

mN/m   MilliNewton per meter

CAPÍTULO 1

INTRODUÇÃO

1.1 Antecedentes do estudo

A procura mundial de combustíveis levou à exploração e produção de um número crescente de reservas de hidrocarbonetos petrolíferos. O petróleo bruto contém uma mistura complexa de compostos, principalmente hidrocarbonetos. Os principais constituintes do petróleo bruto estão agrupados em quatro classes principais: os compostos saturados, os aromáticos, as resinas e os asfaltenos (Mehrotra, Sandhir e Chandra, 2005). A principal preocupação ambiental do petróleo bruto é o facto de, se não for manuseado com cuidado, poder representar riscos significativos para a saúde humana e para a ecologia da Terra durante as fases de produção, transformação e consumo (Urum, Grigson, Pekdemir e McMenamy, 2000). A poluição por petróleo bruto é um problema mundial que conduz à absorção e acumulação de produtos químicos tóxicos/poluentes ao longo da cadeia alimentar e prejudica a flora e a fauna do habitat afetado. Os hidrocarbonetos poluentes representam também uma grande ameaça, pois podem levar à contaminação das reservas de água potável, constituindo assim um perigo para a saúde das gerações actuais e futuras, bem como perturbar o equilíbrio ecológico do ecossistema afetado.

O petróleo contém hidrocarbonetos aromáticos não aromáticos, monoaromáticos e um vasto conjunto de hidrocarbonetos aromáticos policíclicos (PAH), que podem ser tóxicos para os organismos (Essien, Ebong, Asuquo e Olajire, 2012). Os hidrocarbonetos mono-aromáticos, como o benzeno, o tolueno e o xileno, são altamente voláteis e perdem-se rapidamente através dos processos de evaporação. Estes compostos, incluindo os hidrocarbonetos alifáticos, não persistem durante muito tempo no ambiente aquático, em comparação com os HAP, que persistem durante mais tempo devido ao seu comportamento recalcitrante ao ataque microbiano. Os HAP são compostos orgânicos que consistem em dois ou mais anéis de benzeno fundidos e/ou moléculas pentacíclicas que estão dispostas em várias configurações estruturais. Os HAP são omnipresentes e um importante poluente presente no ar, no solo e nos sedimentos. Estes compostos entram no ambiente a partir de duas fontes principais: fonte natural (biogénica e geoquímica) e fonte antropogénica (Cerniglia, 1997).

A ampla distribuição das fontes ambientais de HAP, juntamente com os seus fenómenos de transporte global, resultou na sua distribuição ubíqua. Este facto levou a uma maior preocupação ambiental devido às suas propriedades tóxicas, mutagénicas e carcinogénicas. Por exemplo, o PAH fenantreno é conhecido por ser um fotossensibilizador da pele humana e um alergénio ligeiro (Fawell e Hunt, 1988). Weis, Rummel, Masten, Trosko e Upham (1998) também referiram que os HAP são indutores de trocas de cromátides irmãs e um potente inibidor das comunicações intercelulares das junções de hiato. Os HAP podem ser absorvidos em solos e sedimentos ricos em matéria orgânica, acumular-se nos peixes e noutros organismos aquáticos e podem ser transferidos para os seres humanos através do consumo de marisco (Meador, Stein, Reichert e Varanasi, 1995).

A elevada natureza recalcitrante dos HAP pode ser atribuída à sua hidrofobicidade e baixa solubilidade em água. Os HAP são também lipofílicos por natureza, o que aumenta o seu potencial de biomagnificação através da transferência trófica (Clements, Oris e Wissing, 1994; Twiss, Granier, Lafrance e Campbell, 1999). A distribuição ubíqua deste poluente (PAH) e o seu efeito deletério para o homem e o ambiente suscitaram vários estudos e investigações sobre os seus mecanismos de biodegradação e destino ambiental. De acordo com Makkar e Rockne (2003), os mecanismos de perda de HAPs nos solos incluem a volatilização, a lixiviação e a adsorção irreversível ou por modificações fotolíticas, químicas ou biológicas. Embora se saiba que os HAP, tal como outros poluentes recalcitrantes, são lentamente degradados e eliminados do ambiente por vários microrganismos autóctones, como bactérias e fungos, foram desenvolvidas várias tecnologias para melhorar a remoção destes poluentes do ambiente. Entre estas tecnologias de remediação, o método de bioremediação, que depende principalmente de microrganismos para degradar, transformar, desintoxicar ou decompor os contaminantes, é amplamente utilizado porque é conhecido por ser rentável e amigo do ambiente. Os microrganismos, "a principal força por detrás dos processos de bioremediação", degradam ou transformam estes poluentes à medida que realizam as suas actividades metabólicas normais em condições aeróbias e anaeróbias, desde que sejam proporcionadas as condições ideais de crescimento.

Apesar das várias vantagens da bioremediação, a sua eficiência é limitada por vários factores. Um dos principais factores é a disponibilidade limitada dos HAP para os micróbios devido à sua baixa solubilidade e à sua forte e/ou irreversível sorção no solo (Rockne, Shor, Young, Taghon e Kosson, 2002). Para resolver este problema, foram utilizados vários métodos para aumentar a biodisponibilidade dos HAP, um dos quais é a utilização de tensioactivos (biológicos ou sintéticos) para aumentar a dessorção e a solubilidade aparente na fase aquosa.

Os tensioactivos biológicos ou biossurfactantes são equivalentes biológicos dos agentes tensioactivos presentes nos detergentes e nos tensioactivos sintéticos. São sintetizados extracelularmente por microrganismos, sobretudo bactérias e fungos, para reduzir a tensão superficial (TS) e as tensões interfaciais entre moléculas individuais nas superfícies e interfaces, respetivamente. São anfifílicos por natureza, ou seja, são constituídos por duas partes - uma porção polar (hidrofílica) que pode ser um hidrato de carbono, um aminoácido, um péptido cíclico, um fosfato, um ácido carboxílico ou um álcool e um grupo não polar (hidrofóbico), na sua maioria um ácido gordo de cadeia longa, um ácido gordo hidroxilado ou um ácido gordo α-alquil - β-hidroxilado (Sekhon, Khanna e Cameotra, 2012). As vantagens dos tensioactivos biológicos em relação aos seus homólogos químicos, em termos de serem amigos do ambiente, biodegradáveis, menos tóxicos, não perigosos, com melhores propriedades de formação de espuma e maior seletividade, bem como de permanecerem activos a temperaturas extremas, pH e salinidade, aumentaram a sua utilização no domínio da bioremediação.

Acredita-se que a propriedade anfifílica da enzima extracelular ajuda na dessorção e solubilização de poluentes hidrofóbicos (por exemplo, PAH), aumentando assim a taxa de metabolismo microbiano, degradação e subsequente remoção do poluente (Aronstein, Cavillo e Alexender, 1991; Laha e Luthy, 1991; Laha e Luthy, 1992; Scheibenbogen, Zytner, Lee e Trevors, 1994).

1.2 Declaração do problema

A poluição ambiental por derrame de petróleo é um problema inerente às comunidades produtoras de petróleo, especialmente na região do delta do Níger, na Nigéria. O derrame de petróleo representa um perigo significativo para a saúde humana e para a ecologia da Terra durante as fases de produção, transformação e consumo (Urum *et al.*, 2000). A poluição por petróleo bruto é um problema mundial que conduz à absorção e acumulação de produtos químicos tóxicos/poluentes ao longo da cadeia alimentar e prejudica a flora e a fauna do habitat afetado, bem como à distorção do equilíbrio ecológico do ecossistema afetado e inter-relacionado. Daí a necessidade de desenvolver medidas de correção rentáveis para a recuperação de ambientes poluídos por petróleo bruto.

1.3 Objectivos do estudo

Este estudo sobre o "Potencial de produção de biossurfactantes e de degradação de hidrocarbonetos aromáticos policíclicos (PAHs) de bactérias isoladas do ecossistema húmico de água doce do rio Eniong, Itu - Nigéria" foi especificamente concebido para:

i. Estimativa das densidades de isolados bacterianos heterotróficos cultiváveis e degradadores de petróleo bruto no ecossistema húmico de água doce.

ii. Ensaio para determinar o potencial de produção de biossurfactantes das bactérias isoladas.

iii. Determinação da localização do gene que codifica a produção de biossurfactantes (perfil plasmídico) no melhor produtor de biossurfactantes.

iv. Rastreio do potencial de utilização de petróleo bruto e PAHs (naftaleno e antraceno) dos isolados.

v. Determinação do potencial de degradação de petróleo bruto do poluente forte utilizando isolado bacteriano e

vi. Determinação e comparação dos potenciais de degradação de petróleo bruto e PAHs do isolado quando reforçado com a população bacteriana produtora de biossurfactante.

1.4 Justificação do estudo

A natureza generalizada dos HAP no ambiente e as suas implicações para a saúde conduziram ao desenvolvimento de várias medidas de correção ambiental. Entre estas tecnologias de remediação, a bioremediação por microrganismos, uma técnica conhecida como rentável e amiga do ambiente, é geralmente adoptada para degradar, transformar, desintoxicar ou decompor o contaminante. Foi estudada a capacidade dos microrganismos para degradar muitos HAP, bem como os seus mecanismos de ação. Uma vez que a biorremediação dos HAP no ambiente é limitada pela fraca disponibilidade destes contaminantes hidrofóbicos para os microrganismos, sabe-se que os tensioactivos aumentam a taxa de solubilização dos contaminantes, levando assim à libertação e ao aumento da área de superfície deste poluente. Várias literaturas mostraram que, embora os tensioactivos químicos aumentem a degradação dos HAP, têm um efeito negativo no organismo degradador. Isto levou à necessidade de substituir o tensioativo químico pelo seu equivalente biológico. Este estudo é um dos que foram efectuados sobre o aumento da degradação de hidrocarbonetos por microrganismos. Apesar de todas estas investigações, ainda faltam informações sobre o potencial de produção de biossurfactantes de microrganismos isolados de um ecossistema húmico de água doce. Este estudo centra-se na geração de capacidades de produção de biossurfactantes e no potencial de remediação de PAHs de microrganismos húmicos específicos de água doce e dos seus consórcios.

CAPÍTULO 2

REVISÃO DA LITERATURA RELACIONADA

2.1 Hidrocarbonetos aromáticos policíclicos

Os hidrocarbonetos aromáticos policíclicos (HAP), também conhecidos como hidrocarbonetos poliaromáticos ou hidrocarbonetos aromáticos polinucleares, são anéis aromáticos fundidos e não contêm heteroátomo nem carregam substituintes (Fetzer, 2000). Os HAPs compreendem um grupo de mais de 100 substâncias químicas diferentes que são produzidas durante a queima incompleta de combustíveis, lixo ou outras substâncias orgânicas como o tabaco, material vegetal ou carnes, etc. Os depósitos naturais de petróleo bruto e de carvão também contêm quantidades significativas de HAP, resultantes da conversão química de moléculas de produtos naturais, como os esteróides, em hidrocarbonetos aromáticos. Encontram-se igualmente nos combustíveis fósseis transformados, no alcatrão, no betume e em vários óleos alimentares (Roy, 1995). Alguns destes HAP são fabricados para fins de investigação ou utilizados em medicamentos, corantes, plásticos e pesticidas, como a naftalina presente nas bolas de naftalina (Fetzer, 2000).

Os hidrocarbonetos aromáticos policíclicos são compostos por dois ou mais anéis aromáticos (benzeno) que se fundem quando um par de átomos de carbono é partilhado entre eles e a estrutura resultante é uma molécula em que todos os átomos de carbono e de hidrogénio se encontram num plano (Neff, 1979). O naftaleno ($C_{10}H_8$; MW = 128,16 g), formado pela fusão de dois anéis de benzeno, é o PAH mais simples e tem o peso molecular mais baixo de todos os PAH. Os HAP significativos em termos ambientais são as moléculas que contêm dois (por exemplo, naftaleno) a sete anéis de benzeno (por exemplo, coroneno com uma fórmula química $C_{24}H_{12}$; MW = 300,36 g). Nesta gama, existe um grande número de PAH que diferem no número de anéis aromáticos, na posição em que os anéis aromáticos se fundem uns com os outros e no número, química e posição dos substituintes no sistema de anéis básicos (Neff, 1979).

2.1.2 Propriedades físicas e químicas dos PAHs

As caraterísticas físicas e químicas dos HAPs variam com o peso molecular. Por exemplo, enquanto a resistência dos HAP à oxidação, redução e vaporização aumenta com o aumento do peso molecular, a sua solubilidade aquosa diminui com o aumento do peso molecular. Consequentemente, os HAPs diferem no seu comportamento, na sua distribuição no ambiente e nos seus efeitos nos sistemas biológicos.

De acordo com Neff (1979), os HAP podem ser divididos em dois grupos com base nas suas caraterísticas físicas, químicas e biológicas. Ou seja, os HAPs de peso molecular mais baixo e os HAPs de peso molecular elevado. Os HAP de peso molecular mais baixo (por exemplo, o grupo de HAP de 2 a 3 anéis, como os naftalenos, fluorenos, fenantrenos e antracenos) têm uma toxicidade aguda significativa para os organismos aquáticos, ao passo que os HAP de peso molecular elevado, de 4 a 7 anéis (dos crisenos aos coronenos), não têm (Neff, 1979). No entanto, vários membros dos HAP de elevado peso molecular são conhecidos por serem cancerígenos (Neff, 1979). O quadro seguinte apresenta algumas das propriedades físicas e químicas dos HAP.

Quadro 2.1 Resumo das caraterísticas físicas e químicas de alguns HAP

Physical-chemical characteristics of some PAHs

PAH	Mol. Wt. (g)	Aqueous Solubility (mg/L)	Vap. Pressure (Pa)	Log Kow (Log Koc)	Carcino-genicity	Benzene rings
Naphthalene	128.2	31	1.0×10^2	3.37	NC	2
Acenaphthylene	152.2	16	9.0×10^{-1}	4.07 (3.40)	NC	2
Acenaphthene	154.2	3.8	3.0×10^{-1}	3.98 (3.66)	NC	2
Fluorene	166.2	1.9	9.0×10^{-2}	4.18 (3.86)	NC	3
Anthracene	178.2	0.045	1.0×10^{-3}	4.5 (4.15)	NC	3
Phenanthrene	178.2	1.1	2.2×10^{-2}	4.46 (4.15)	NC	3
Fluoranthene	202.3	0.26	1.2×10^{-3}	4.90 (4.58)	NC	4
Pyrene	202.1	0.13	6.0×10^{-4}	4.88 (4.58)	NC	4
Benz[a]anthra-cene	228.3	0.011	12.8×10^{-5}	5.63 (5.30)	C	4
Chrysene	228.3	0.006	5.7×10^{-7}	5.63 (5.30)	WC	4
Benzo[b]fluora-nthene	252.3	0.0015	-	6.04 (5.74)	C	4 (5)
Benzo[k]fluora-nthene	252.3	0.0008	5.2×10^{-8}	6.21 (5.70)	C	4 (5)
Benzo[a]pyrene	252.3	0.0038	7.0×10^{-7}	6.06 (5.74)	SC	5
Indeno(1,2,3-cd)pyrene	276.3	0.00019	-	6.58 (6.20)	C	5(6)
Dibenz[a,h]anth-racene	278.3	0.0006	3.7×10^{-10}	6.86 (6.52)	C	5
Benzo[ghi]pery-lene	276.4	0.00026	1.4×10^{-8}	6.78 (6.20)	NC	6

* NC= não carcinogénico; WC= fracamente carcinogénico; C= carcinogénico; SC= fortemente carcinogénico; Kow= coeficiente de partição octanol/água; Koc= coeficiente de partição para o carbono orgânico. Fonte: Neff, 1979; NRCC, 1983; CCREM, 1987.

2.1.3 Fontes e ocorrência de PAHs

Os HAP são omnipresentes no ambiente natural e têm origem em duas fontes principais: as naturais (biogénicas e geoquímicas) e as antropogénicas (Mueller,

Cerniglia e Pritchard, 1996). É a última fonte de HAP que constitui a principal causa de poluição ambiental e, por conseguinte, o foco de muitos estudos de bioremediação. Naturalmente, os HAP ocorrem em combustíveis fósseis como o carvão, o petróleo e também se formam durante a combustão incompleta de materiais orgânicos como o carvão, o gasóleo, a madeira e a vegetação (Freeman e Cattell, 1990; Lim, Harrison e Harrad, 1999) . Este facto resulta na contaminação atmosférica por HAP, que é a principal via de transporte de HAP a longas distâncias (Juhasz e Naidu, 2000) . Os HAP podem ser dispersos a partir de uma fonte pontual ou não pontual. As fontes pontuais de HAP podem ter origem em derrames de petróleo e gasóleo e em processos industriais como a liquefação e gaseificação do carvão durante a produção de coque (Cerniglia, 1984). Por exemplo, os creosotes e o alcatrão de carvão, que são subprodutos da coqueificação, contêm quantidades significativas de HAP (Bamforth e Singleton, 2005). Outras fontes menores de PAH incluem o fumo do tabaco e os alimentos queimados. De acordo com Blumer (1976), os processos naturais, como a erupção vulcânica e os incêndios florestais, também podem servir de fonte de HAP.

Os HAP de origem geoquímica são formados durante a pirólise, um processo em que os sedimentos são expostos a altas temperaturas para a diagénese dos sedimentos (Blumer, 1976). Os HAPs estão amplamente distribuídos nos solos, sedimentos, águas subterrâneas e na atmosfera. Os HAP foram detectados em sedimentos marinhos como os da Baía de San Diego, na Califórnia (Coates, Anderson e Lovley, 1996; Coates, Woodward, Allen, Philp e Lovley, 1997), no oceano Pacífico Central (Ohkouchi, Kawamura e Kawahata, 1999), em sedimentos intertidais (Tam, Guo, Yau e Wong, 2002), em solos de instalações de gás (Lundstedt, Haglund e O'berg, 2003), em solos contaminados com lamas de depuração (Wild, McGrath e Jones, 1990), em aquíferos, em águas subterrâneas e em depósitos atmosféricos, como os fumos de escape de veículos (Lim *et al.,* 1999).

2.2 Biossurfactantes

Os biossurfactantes são um grupo estruturalmente diverso de substâncias tensioactivas produzidas por microrganismos que são equivalentes aos surfactantes químicos. De acordo com Desai e Banat (1997), os biossurfactantes podem ser sintetizados utilizando diferentes microrganismos e fontes de carbono e a produção é influenciada pela composição do meio e pelas condições de cultura. As fontes de carbono utilizadas para a produção de biossurfactantes são hidrocarbonetos, hidratos de carbono, óleos vegetais e resíduos de óleo, efluentes de lagares de azeite, soro lácteo e resíduos de destilaria, substratos amiláceos, recursos renováveis, águas residuais industriais e/ou municipais, em condições aeróbias (Kosaric, 1992; Desai e Banat, 1997).

Os biossurfactantes são anfifílicos por natureza, consistindo em duas partes - uma porção polar (hidrofílica) e um grupo não polar (hidrofóbico) (Desai e Banat, 1997). O grupo hidrofílico é constituído por mono, oligo ou polissacáridos, péptidos ou proteínas, enquanto a parte hidrofóbica é normalmente constituída por ácidos gordos saturados, insaturados e hidroxilados ou álcoois gordos. Devido à sua estrutura anfifílica, os biossurfactantes são capazes de aumentar a área de superfície de substâncias hidrofóbicas insolúveis em água, aumentar a biodisponibilidade dessas substâncias na água e alterar as propriedades da superfície das células bacterianas (Pacwa-Plociniczak, Plaza, Piotrowska-Seget e Cameotra, 2011). Esta atividade de superfície torna-os excelentes emulsionantes, agentes espumantes e dispersantes (Desai e Banat, 1997). Em comparação, os biossurfactantes têm muitas vantagens sobre os seus equivalentes sintetizados quimicamente. São amigos do ambiente, biodegradáveis, menos tóxicos e não perigosos, com melhores propriedades de formação de espuma e maior seletividade. Também são activos a temperaturas, pH e salinidade extremos e podem ser produzidos a partir de resíduos e subprodutos industriais. Esta última caraterística torna possível a produção barata de biossurfactantes e permite a utilização de substratos residuais e a redução do seu efeito poluente ao mesmo tempo (Kosaric, 1992 e 2001; Das, Mukherjee e Sen, 2008).

Devido às suas potenciais vantagens, os biossurfactantes são amplamente utilizados em muitas indústrias, como a agricultura, a produção alimentar, os produtos químicos, os cosméticos e os produtos farmacêuticos. As propriedades de emulsificação/desemulsificação, dispersão, formação de espuma, humidificação e revestimento dos biossurfactantes também os tornam úteis em tecnologias de remediação físico-química e biológica de contaminantes orgânicos e metálicos.

Durante a biorremediação de poluentes orgânicos, os biossurfactantes aumentam a biodisponibilidade dos hidrocarbonetos, o que resulta num maior crescimento e degradação dos contaminantes pelas bactérias degradadoras de hidrocarbonetos presentes nas amostras poluídas.

2.3 Classificação dos biossurfactantes

Ao contrário dos tensioactivos sintetizados quimicamente, que são classificados de acordo com os seus padrões de dissociação na água, os biossurfactantes são categorizados com base na sua composição química, peso molecular, propriedades físico-químicas/modo de ação e origem microbiana (Pacwa-Plociniczak *et al.*, 2011).

Com base nos pesos moleculares, os biossurfactantes dividem-se em biossurfactantes de baixa massa molecular, constituídos por glicolípidos, fosfolípidos e lipopéptidos, e em biossurfactantes/bioemulsionantes de alta massa molecular, constituídos por polissacáridos anfipáticos, proteínas, lipopolissacáridos, lipoproteínas ou misturas complexas destes biopolímeros. Os biossurfactantes de baixa massa molecular são eficientes na redução das tensões superficiais e interfaciais, enquanto os biossurfactantes de alta massa molecular são mais eficazes na estabilização de emulsões de óleo em água (Rosenberg e Ron, 1999; Calvo, Manzanera, Silva-Castro, Uad e Gonzalez-Lopez, 2009). De acordo com Singh (2012), as principais classes de biossurfactantes incluem;

2.3.1 Glicolípidos

Estes são os hidratos de carbono mais comuns em combinação com ácido alifático de cadeia longa ou ácido alifático hidroxílico. Os glicolípidos podem ser classificados como ramnolípidos (normalmente produzidos por *Pseudomonas aeruginosa)*, trealolípidos (normalmente associados a *actinomicetos, Mycobacterium, Nocardia* e *Corynebacterium)* ou soforolípidos (produzidos por diferentes estirpes de leveduras e *Torulopis bombicola* e *T. petrophilum)*.

2.3.2 Fosfolípidos, ácidos gordos e lípidos naturais

Várias bactérias e leveduras, tais como *Thiobacillus thiooxidane, Aspergillus* spp., *Arthobacter, P. aeruginosa,* etc., produzem grandes quantidades de ácidos gordos e fosfolípidos durante o crescimento em -n-alcanos. Exemplos desta classe de biossurfactantes incluem: ácido corynomicólico (produzido por *Corynebacterium lepus)*, ácido espiculispórico (produzido por *Pénicillium spiculisporum)* e fosfatidiletanolamina (produzida por *Acinetobacter* sp., *Rhodococcus erythropolis)*.

2.3.3 Lipopeptídeos e péptidos

Muitos antibióticos peptídicos são de natureza anfifílica e exibem propriedades activas de superfície. Incluem a surfactina *(Bacillus subtilis)* e a liquenisina (produzida por *Bacillus licheniformis)*. Os antibióticos dipeptídeos (gramicidina), os antibióticos lipopeptídeos (polimixinas) e os lipopeptídeos cíclicos produzidos por *Bacillus breves, B. polymyxa* e *B. subtilis,* respetivamente, também demonstraram possuir propriedades tensioactivas notáveis (Singh, 2012).

2.3.4 Biossurfactantes poliméricos

Os biossurfactantes poliméricos mais conhecidos são o emulsano, o lipossano, a manoproteína, o biodispersano, o alasano e os complexos polissacárido-proteína, que são produzidos principalmente por *Acinetobacter calcoacetius, Candidalipolytica, Saccharomyces cerevisiae, Schizonella malanogramma, Ustilago maydis* e *Pseudomonas* sp.

2.3.5 Biossurfactante particulado

Isto inclui vários constituintes ou estruturas da superfície celular, tais como a proteína M e o ácido lipoteicóico nos *estreptococos* do grupo A, a proteína A em *Staphylococcus aureus,* a camada A em *Aeromonas salmonicida,* a prodigiosina em *Serratia* spp.

2.4 Factores que afectam a produção de biossurfactantes

Foram identificados vários factores que influenciam a produção de biossurfactantes, nomeadamente

2.4.1 Fonte de carbono

Verificou-se que a fonte de carbono desempenha um papel importante na produção de biossurfactantes. As fontes de carbono utilizadas podem ser divididas em três categorias: hidratos de carbono, hidrocarbonetos e óleos vegetais. As fontes de carbono solúveis em água, como o glicerol e a glucose, são também substratos de carbono eficazes para a produção de ramnolípidos por *Pseudomonas aeruginosa* (Wu *et al.,* 2003). No entanto, os ramnolípidos de *P. aeruginosa* podem ser produzidos a partir de culturas com resíduos de refinaria de óleo de soja (Abalos *et al.*, 2001). Os substratos de batata foram avaliados como fonte de carbono para a produção de surfactantes por *Bacillus subtilis* (Fox e Bala, 2000). O melaço também foi utilizado como única fonte de nutrientes para a produção de biossurfactante por *B. licheniformis* e *B. subtilis*. A produção máxima de biossurfactante foi alcançada com melaço a 5,0-7,0% (p/v) (Joshi, Bharucha e Desia, 2008).

No entanto, a produção de biossurfactantes também pode ser obtida com substrato imiscível em água, como o petróleo bruto, por *Aeromonas* spp. (Ilori, Amobi e Odocha, 2005). De acordo com Franzetti, Gandolfi, Bestetti, Smyth e Banat (2010), *a Nocardia corynebacteroides* sintetizou lípidos di- e penta-sacáridos quando cultivada em n-alcanos, especialmente sob limitação de azoto.

2.4.2 Fonte de azoto

A fonte de azoto é importante para a produção de biossurfactantes. Os estudos sobre o efeito da fonte de azoto na produção de biossurfactantes de *Bacillus subtilis* mostraram que, em meio sem azoto, o organismo cresceu e produziu o mínimo de biossurfactantes (Makkar e Cameotra, 1997). Os mesmos investigadores (Makkar e Cameotra, 1997) referiram que o nitrato de sódio, o nitrato de potássio e a ureia eram as melhores fontes de azoto, ao passo que o sulfato de amónio não era bom para o crescimento e a produção de biossurfactantes, embora o organismo testado fosse capaz de utilizar o nitrato de amónio para o seu crescimento. Do mesmo modo, a produção de liquenisina-A foi aumentada duas e quatro vezes em *B. licheniformis* BAS50 (Yakimov *et al.*, 1997) pela adição de ácido L-glutâmico e L-asparagina, respetivamente, ao meio. Robert *et al.*, (1989) e Abu-Ruwaida, Banat, Haditirto e Khamis (1991) também observaram que o nitrato era a melhor fonte de azoto para a produção de biossurfactante por *Pseudomonas* estirpe 44T1 e *Rhodococcus* estirpe ST-5 que crescem em azeite e parafina, respetivamente.

2.4.3 Sais e minerais

A concentração de sal também afecta a produção de biossurfactantes, dependendo do seu efeito na atividade celular. Sutthivanitchakul, Thaniyavorn e Thaniyavarn (1999) mostraram que a adição de 5% de NaCl ao caldo de cultura melhorava a atividade superficial dos biossurfactantes de *Bacillus licheniformis*, mas a capacidade de reduzir a tensão superficial diminuía quando a concentração de NaCl era superior a 10%. Abu-Ruwaida *et al.* (1991) referiram que a concentração de ferro tinha um efeito na produção de ramnolípidos por *Pseudomonas aeruginosa*.

De acordo com eles, a produção de ramnolípido aumentou 3 vezes quando as células foram transferidas do meio contendo 36 para 18 pm de ferro. Do mesmo modo, foi demonstrado que o *Rhodococcus* sp. produtor de biossurfactante necessita de mais fosfato, ferro, magnésio e sódio do que potássio ou cálcio para a produção de biossurfactante.

2.4.4 Factores ambientais

Os factores ambientais e as condições de crescimento, como o pH, a temperatura, a agitação e a disponibilidade de oxigénio, também afectam a produção de biossurfactantes através dos seus efeitos no crescimento ou na atividade celular. Por exemplo, a produção de ramnolípidos em *Pseudomonas* sp. atingiu o seu máximo a pH 6,0 a 6,5 e diminuiu acentuadamente acima de pH 7,0 (Guerra-Santos, Kappeli e Fiechter, 1986). Em contrapartida, Franzetti *et al.* (2010) demonstraram que a produção de lípidos penta e dissacáridos em *Norcardia. Corynbacteroides* não é afetada a um pH de 6,5 a 8. Cooper e Goldenberg (1987) verificaram que o aumento do pH de 6,5 para 7,0 no meio de cultura não afectou nem a síntese de biossurfactantes nem o rendimento de *B. subtilis*, ao passo que a redução do pH para menos de 5,5 diminuiu o crescimento e a produção de biossurfactantes. Haszcza e Burczyk (2006) referiram que *Bacillus coagulans* produziu um elevado rendimento de biossurfactante num intervalo de pH de 4,0-7,5 e temperaturas de incubação de 20 a 45° C. Vollbrecth, Rau e Lang (1999) referiram que uma temperatura de incubação de 30° C promoveu o crescimento celular e a produção de glicolípidos de *Tsukamurella* sp. enquanto que a temperaturas mais elevadas (34° C) e mais baixas (20, 25 e 27° C) o caldo de cultura se tornou não homogéneo e ocorreu agregação celular com uma diminuição do rendimento de glicolípidos. Yakimov *et al.* (1997) estudaram a produção de biossurfactante por *Bacillus licheniformis* BAS50 quando cultivado em condições aeróbicas e anaeróbicas. Em comparação com a cultura anaeróbia, a cultura aeróbia de *B. licheniformis* BAS50 caracterizou-se por uma fase de crescimento mais curta e por uma maior concentração de biomassa. A tensão superficial do meio aeróbio diminuiu durante a fase inicial de crescimento exponencial, atingindo um mínimo de 28,3 mN/m. Durante as diferentes fases de crescimento, a tensão superficial das culturas anaeróbias foi semelhante à das culturas aeróbias, mas o seu valor mínimo foi de aproximadamente 35 mN/m.

2.5 Aplicação de biossurfactantes

Os tensioactivos microbianos são mais eficazes e versáteis do que muitos tensioactivos sintéticos devido à sua ação selectiva, natureza biodegradável e estabilidade a altas temperaturas. Existem numerosas aplicações de biossurfactantes em comparação com os seus homólogos sintetizados quimicamente, incluindo

2.5.1 Indústria petrolífera

Os biossurfactantes são utilizados para melhorar a recuperação de petróleo. O caldo de células inteiras pode ser potencialmente utilizado na indústria com especificações mínimas de pureza. Em comparação com os tensioactivos químicos, são muito selectivos e necessários em pequenas quantidades, sendo eficazes em vastas gamas de petróleo. Makkar e Cameotra (1997) observaram uma boa recuperação de óleo em areias utilizando estirpes de *B. subtilis* a 45° C. O biossurfactante produzido por duas estirpes de *B. subtilis* (MTCC1427 e MTCC2423) foi responsável por 56% e 62% da recuperação de petróleo de colunas de areia saturadas de petróleo. Os mesmos autores (Makkar e Cameotra, 1997) referiram que a sua tolerância térmica e estabilidade numa vasta gama de valores de pH (4,5-10,5) os tornam candidatos adequados para MEOR (Microbially Enhanced Oil Recovery) *in situ*. As duas estirpes cresceram a 45ºC e utilizaram melaço, uma fonte barata de aditivo nutritivo. Os relatórios também mostraram que *B. licheniformis* JF-2, que foi isolado da água de injeção de um campo petrolífero, produziu os biossurfactantes mais eficazes (CMC, 10 mg/l; a tensão interfacial de solução salina contra decano baixou para 10-3 dinas/cm), tendo também outras propriedades, tais como ser anaeróbio, tolerante ao halogéneo e termotolerante (Desai e Banat, 1997).

2.5.2 Biodegradação de contaminantes de hidrocarbonetos

A biodegradação de hidrocarbonetos por populações microbianas nativas é o principal mecanismo pelo qual os contaminantes de hidrocarbonetos são removidos do ambiente. A adição de surfactante ajuda a degradação destes contaminantes orgânicos por solubilização ou emulsificação para libertar hidrocarbonetos adsorvidos à matéria orgânica do solo e aumentar as concentrações aquosas de compostos hidrofóbicos, resultando em taxas de transferência de massa mais elevadas (Banat, Makkar e Cameotra, 2000). O biossurfactante reduz a tensão superficial ao acumular-se na interface de fluidos imiscíveis, aumentando a área de superfície dos compostos insolúveis, o que leva a um aumento da biodisponibilidade e subsequente biodegradação do hidrocarboneto (Barathi e Vasudevan, 2001). Foi examinada a bioremediação de n-alcanos em lamas de petróleo com um teor de óleo e gordura de 87,4% (Rahman *et al.*, 2003). Observaram que os alcanos C_8-C_{11} em 10% de lamas foram 100% degradados, enquanto C_{12}-C_{21}, 83-98%, C_{22}-C_{31}, 80-85% e C_{32}-C_{40}, 57-73% foram degradados após 56 dias com a adição de um consórcio bacteriano, nutrientes e ramnolípidos. As taxas de biodegradação foram mais baixas à medida que o comprimento da cadeia aumentava. No entanto, as taxas continuaram a ser significativas mesmo para os compostos C_{32}-C_{40}, indicando o benefício da adição de ramnolípidos para auxiliar a biodegradação destes compostos de baixa solubilidade.

2.5.3 Remoção de poluentes

Os biossurfactantes glicolípidos demonstraram ser capazes de remover metais pesados de solos e sedimentos contaminados (Banat *et al.*, 2000; Mulligan, Yong e Gibbs, 2001). Por exemplo, foi referido que os ramnolípidos promovem a dessorção de cádmio, chumbo, zinco ou cobre de solos contaminados (Lang e Wullbrandt, 1999). Lang e Wullbrandt (1999) referiram também que o mecanismo pelo qual os ramnolípidos reduzem a toxicidade dos metais pode envolver uma combinação da complexação do cádmio pelos ramnolípidos e da interação destes com a superfície celular para alterar a absorção do cádmio. Embora os biossurfactantes tenham sido utilizados numa variedade de aplicações ambientais, pouco se sabe sobre o potencial de produção de biossurfactantes em solos contaminados por microrganismos. Foram feitos alguns esforços para determinar a presença de microrganismos produtores de biossurfactantes em solos contaminados através de técnicas culturais e moleculares

(Bodour e Miller-Maie, 2002). Estes autores referiram que os produtores de biossurfactantes Gram positivos foram encontrados em solos contaminados com metais pesados e não contaminados, enquanto as estirpes Gram negativas foram encontradas em solos contaminados com hidrocarbonetos ou mistos.

2.5.4 Indústria alimentar

Os biossurfactantes também têm sido utilizados como aditivos alimentares na indústria alimentar. A lecitina e os seus derivados, os ésteres de ácidos gordos contendo glicerol, sorbitol ou etilenoglicol e os derivados etiloxilados de monoglicéridos, incluindo um oligopeptídeo recentemente sintetizado, são utilizados como emulsionantes na indústria alimentar em todo o mundo (Besson e Michel, 1992). Outras aplicações dos biossurfactantes são em produtos de panificação e de carne, onde influenciam as caraterísticas da farinha ou a emulsificação de tecido adiposo parcialmente quebrado (Fiechter, 1992). Um bioemulsionante de *Candida utilis* foi utilizado em molhos para saladas (Shepherd, Rockey, Shutherland e Roller, 1995). Um biossurfactante glicolipídico, diacilmanosileritritol, produzido por *Candida antarctica,* tem um potencial efeito antiaglomeração na pasta de gelo a uma concentração de 0,01 g/l, que é inferior à concentração utilizada de surfactante químico, dioleato de polioxietileno sorbitano, 1 g/l (Kitamoto, Ikegami e Suzuki, 2001).

2.5.5 Indústria de cosméticos

Uma vasta área de aplicação potencial dos biossurfactantes é a indústria cosmética, uma vez que se encontram substâncias tensioactivas em champôs e em muitos produtos de cuidados da pele (Fiechter, 1992). O soforolípido é utilizado comercialmente pela Kao Co. Ltd. como humectantes para marcas de maquilhagem cosmética como Sofina e hidratante para a pele (Desai e Banat, 1997). O monoglicérido, um dos tensioactivos mais utilizados na indústria cosmética, foi produzido a partir do glicerol de sebo com um rendimento de 90% através do tratamento com lipase de *P. fluorescens* (McNeill, Ozawa, Kemler e Nelson, 1990; McNeill e Yamane, 1991).

2.5.6 Aplicações médicas

Os biossurfactantes são também muito atractivos para os cuidados de saúde. Para aplicações médicas, os biossurfactantes são úteis como agentes antibacterianos, antifúngicos e antivirais. Além disso, têm também potencial para utilização como moléculas imunomoduladoras importantes, agentes adesivos e mesmo em vacinas e terapia genética. A visconamida, produzida por *P. fluorescens,* tem propriedades biossurfactantes e antifúngicas (Nielsen, Christophersen, Anthoni e Sorensen, 1999). Vollenbroich, Pauli, Özel e Vater, (1997) referiram que a surfactina, um lipopeptídeo cíclico produzido por *B. subtilis,* tem propriedades antimicrobianas e antimicoplasmáticas, bem como inativa vírus envelopados. Foi demonstrado que a surfactina possui atividade antiviral para muitos vírus diferentes. Esta ação antiviral parece dever-se a uma interação físico-química do tensioativo membranar com a membrana lipídica do vírus (Vollenbroich *et al,* 1997).

2.6 Mecanismo de ação dos biossurfactantes

Quando os biossurfactantes são utilizados, acumulam-se na interface entre dois fluidos imiscíveis ou entre um fluido e um sólido. Ao reduzir a tensão superficial (líquido-ar) e interfacial (líquido-líquido), reduzem as forças repulsivas entre duas fases diferentes e permitem que estas duas fases se misturem e interajam mais facilmente (Soberon-Chavez e Maier, 2011). Soberon-Chavez e Maier (2011) e Desai e Banat (1997) relataram que os biossurfactantes mais activos podem reduzir a tensão superficial da água de 72 para 30 mN/m e a tensão interfacial entre a água e *o w-hexadecano* de 40 para 1 mN/m.

A ação do biossurfactante depende da concentração dos compostos tensioactivos até se atingir a concentração micelar crítica (CMC). Em concentrações superiores à CMC, as moléculas de biossurfactante associam-se para formar micelas, bicamadas e vesículas. Esta formação de micelas permite que os biossurfactantes reduzam a tensão superficial e interfacial e aumentem a solubilidade e a biodisponibilidade dos compostos orgânicos hidrofóbicos (Whang, Liu, Ma e Cheng, 2008). A CMC é normalmente utilizada para medir a eficiência do tensioativo, uma vez que os biossurfactantes com baixa CMC são considerados eficientes. Isto significa que é necessária uma menor quantidade de biossurfactante para diminuir a tensão superficial (Desai e Banat, 1997). A formação de micelas tem um papel significativo na formação de microemulsões (Nguyen, Youssef, McInerney e Sabatini, 2008). As microemulsões são misturas líquidas claras e estáveis de domínios de água e óleo separados por monocamadas ou agregados de biossurfactantes. As microemulsões são formadas quando uma fase líquida é dispersa sob a forma de gotículas noutra fase líquida, por exemplo, óleo disperso em água (microemulsão direta) ou água dispersa em óleo (microemulsão invertida) (Desai e Banat, 1997).

2.7 Biodegradação de PAHs

Quando presentes no ambiente, os HAP são afectados por vários processos físicos, químicos e biológicos, que influenciam o seu destino e transporte no ambiente subterrâneo. De acordo com Cerniglia e Heitkamp (1989), a natureza do ambiente subsuperficial determina se o composto individual pode permanecer como um líquido em fase não aquosa, metabolizado por microrganismos, absorvido pelas plantas, volatilizado para os espaços vazios intersticiais ou absorvido pela matéria orgânica do solo. No entanto, foram estudados vários métodos de degradação dos HAP, nomeadamente a degradação química (Bach, Kim, Choi e Oh, 2005), a biodegradação (Bamforth e Singleton, 2005; Punapayak, Prasongsuk, Messner, Danmek e Lotrakul, 2009; Abd-Elsalam, Hafez, Hussain, Ali e El- hanafy, 2009) e fito-degradação (Adam e Duncan, 1999; Chen, Banks e Schwab, 2003; Cheema *et al.*, 2009).

Outros métodos de degradação em desenvolvimento que ganharam ampla aceitação pública incluem: radiação solar ultravioleta (Bertilsson e Widerfalk, 2002), fotólise direta (Jacobs, Weavers e Chin, 2008) e degradação por frequência de ultra-sons (Psillakis, Goula, Kalogerakis e Mantzavinos, 2004). No entanto, a degradação sonoquímica (Wheat e Tumeo, 1997; Wang, Chen e Yao, 2003; Manariotis, Karapanagioti e Chrysikopoulo, 2011), a degradação foto-catalítica (Gordon e Cain, 2003), bem como a degradação reforçada pela densidade da corrente (Alshawabkeh e Sarahney, 2005) são novas abordagens que foram testadas com êxito para a remoção de HAP.

A biodegradação dos HAP por microrganismos foi objeto de várias análises (Kanaly e Harayama, 2000; Sutherland, Rafic, Khan e Cerniglia, 1995; Cerniglia, 1997) e as vias de biodegradação dos HAP estão bem documentadas. Os HAP podem ser degradados por vários microrganismos (essencialmente bactérias e fungos) em condições aeróbias ou anaeróbias.

2.7.1 Degradação de PAH por bactérias em condições aeróbias

Em condições aeróbias, as bactérias podem degradar a maioria dos HAP com menos de cinco anéis. De acordo com Makkar e Rockne (2003), o passo catabólico inicial no catabolismo aeróbico de uma molécula de HAP por bactérias ocorre através da oxidação do HAP a um dihidrodiol por um sistema enzimático de dioxigenase multicomponente. Estes intermediários dihidroxilados são posteriormente metabolizados através de uma via de clivagem *orto* ou meta-oxigenolítica, resultando em intermediários como protocatecuatos e catecóis, que são posteriormente convertidos em intermediários do ciclo do ácido tricarboxílico (Van der Meer, de Vos, Harayama e Zehnder, 1992). Existem provas de que algumas bactérias, como *a Mycobacterium* sp., podem atacar os HAP com uma enzima mono-oxigenase (Moody, Freeman, Doerge e Cerniglia, 2001). Além disso, foi também referido que as bactérias atacam os HAP com uma monooxigenase de metano (Rockne, Stensel, Herwig e Strand, 1998).

2.7.2 Degradação de PAH por fungos em condições aeróbicas

Os fungos degradadores de HAP foram divididos em dois grupos: os fungos não-ligninolíticos e os fungos ligninolíticos (também conhecidos como fungos da podridão branca). Os fungos não lenhinolíticos são os fungos que não crescem na madeira, ou seja, não possuem enzimas de lenhina peroxidase que são produzidas pelos fungos lenhinolíticos. No entanto, muitos fungos ligninolíticos, como *Phanerochaete chrysosporium* (Hammel, Gai, Green e Moen, 1992) e *Pleurotus ostreatus* (Bezalel, Hadar e Cerniglia, 1997), demonstraram produzir enzimas do tipo não ligninolítico e ligninolítico, mas não é claro em que medida cada enzima contribui para a decomposição da molécula de PAH.

O primeiro passo no metabolismo dos HAP por fungos não lenhinolíticos consiste em oxidar o anel aromático numa reação catalisada pela enzima monoxigenase do citocromo P450 para produzir um óxido de areno (Sutherland *et al.*, 1995). De acordo com Makkar e Rockne (2003), esta via é semelhante ao metabolismo dos PAH nos mamíferos. De acordo com Jerina (1983), a enzima monoxigenase incorpora apenas um átomo de oxigénio no anel para formar um óxido de areno que é subsequentemente hidratado através de uma reação catalisada pela epóxido-hidrolase para formar um dihidrodiol *trans* . Além disso, podem ser produzidos derivados de fenol a partir dos óxidos de areno através do rearranjo não enzimático do composto, que podem atuar como substratos para posterior sulfatação, metilação ou conjugação com glucose, xilose ou ácido glucurónico (Mueller *et al.,* 1996).

Embora a maioria dos fungos não-ligninolíticos não seja capaz de mineralizar completamente os HAP, estes conjugados de HAP são geralmente menos tóxicos e mais solúveis do que os seus respectivos compostos originais (Bamforth e Singleton, 2005). Por exemplo, Pothuluri, Heflich, Fu e Cerniglia (1992) demonstraram este facto com a degradação do fluoranteno pela espécie fúngica não lenhinolítica *Cunninghamella elegans.* Os metabolitos *3-fluoranteno-β-glucopiranosídeo,* 3-(8-hidroxi-fluoranteno)-β-glucopiranosídeo, fluoranteno *trans-2,*3-dihidrodiol e *8-hidroxi-fluoranteno-trans-2,*3-dihidrodiol não apresentaram efeitos mutagénicos numa fração de homogenato de fígado de rato e o 9- *hidroxi-fluoranteno-trans-2,*3-dihidrodiol foi consideravelmente menos tóxico do que o fluoranteno. Outros fungos não lenhinolíticos que utilizam a via oxidativa mediada pela enzima monooxigenase P450 para a degradação de PAH incluem *Chrysosporium pannorum, Cunninghamella elegans* e *Aspergillus niger.*

Os fungos ligninolíticos são os fungos que produzem enzimas ligninolíticas que estão envolvidas na oxidação da lignina presente na madeira e noutras matérias orgânicas (Bamforth e Singleton, 2005). Estas enzimas são de dois tipos, ou seja, peroxidases e lacases (Mester e Tien, 2000). De acordo com Kirk e Farrell, (1987), estas enzimas são segregadas extracelularmente e oxidam a matéria orgânica através de uma reação não específica baseada em radicais. Existem dois tipos principais de enzimas peroxidase, consoante o seu tipo de substrato redutor: a lenhina peroxidase (LP) e a manganês peroxidase (MnP) - ambas capazes de oxidar os HAP (Mester e Tien, 2000). As lacases, que são enzimas fenol oxidase, também são capazes de oxidar os HAP (Mester e Tien, 2000).

Em condições lenhinolíticas, os fungos de podridão branca podem oxidar os HAPs gerando radicais livres (ou seja, radicais livres de hidroxilo) através da doação de um eletrão (Sutherland, *et al.*, 1995), que oxida o anel HAP. Isto gera uma seleção de PAH-quinonas e ácidos em vez de dihidrodióis. De acordo com Bamforth e Singleton (2005), a principal vantagem da utilização de fungos lenhinolíticos para degradar os HAP reside na sua baixa especificidade de substrato, uma vez que são capazes de degradar mesmo os compostos mais recalcitrantes. Uma vez que as enzimas envolvidas são extracelulares, são teoricamente capazes de se difundir na matriz do solo/sedimento e potencialmente oxidar HAPs com baixa biodisponibilidade. Estudos de degradação dos fungos ligninolíticos mostraram que os HAP podem ser degradados por uma combinação de enzimas ligninolíticas, monooxigenases do citocromo P450 e epóxido hidrolases que podem resultar na mineralização completa do composto (Bezalel *et al.*, 1997).

Estudos de degradação de PAHs de elevado peso molecular, como o pireno e o benzo[*a*]pireno, por fungos lenhinolíticos (ou seja, *Phanerochaete chrysosporium* e *Pleurotus ostreatus*) sugeriram que uma combinação de enzimas lenhinolíticas e não lenhinolíticas pode ser a chave para a mineralização completa destes compostos recalcitrantes (Bezalel *et al.*, 1997).

2.7.3 Metabolismo anaeróbio de HAPs

Os HAP são um contaminante comum de ambientes anaeróbios, como os aquíferos (Meckenstock, Annweiler, Michaelis, Richnow e Schink, 2000; Bewley e Webb, 2001; Bakermans, Hohnstock-Ashe, Padmanabhan, Padmanabhan e Madsen, 2002) e os sedimentos marinhos (Coates *et al.*, 1996; Coates *et al.*, 1997; Genthner, Townsend, Lantz e Mueller, 1997; Ohkouchi *et al.*, 1999). Mesmo os ambientes aeróbios, como os solos, sedimentos e águas subterrâneas contaminados, podem desenvolver zonas anaeróbias (Anderson e Lovley, 1997). Isto deve-se ao facto de o contaminante orgânico estimular a comunidade microbiana *in situ*, resultando assim na depleção do oxigénio molecular durante a respiração aeróbia. Este oxigénio não é reposto ao mesmo ritmo que a sua depleção, o que resulta na formação de zonas anaeróbias próximas da fonte de contaminante (Bamforth e Singleton, 2005).

Os estudos anteriores centraram-se nos processos aeróbios termodinamicamente mais favoráveis de bioremediação de compostos orgânicos recalcitrantes, como os HAP, em que o oxigénio molecular é incorporado no anel aromático antes da desidrogenação e subsequente clivagem do anel HAP. Em condições anaeróbias, são utilizados aceitadores de electrões alternativos, como o nitrato, o ferro ferroso e o sulfato, para oxidar estes compostos aromáticos. Investigações recentes demonstraram claramente que a degradação dos HAP ocorre em condições anaeróbias desnitrificantes (Rockne *et al.*, 2000; Rockne e Strand, 2001) e redutoras de sulfato (Coates *et al.*, 1996; Coates *et al.*, 1997; Meckenstock *et al.*, 2000). Embora os mecanismos de degradação anaeróbia dos HAP sejam ainda incertos, estudos recentes (Meckenstock *et al.*, 2000; Cheema *et al.*, 2009) propuseram um mecanismo para a degradação anaeróbia do naftaleno. De acordo com as revisões, o primeiro passo é a carboxilação do anel aromático em ácido 2-naftóico, que pode ativar o anel aromático antes da hidrólise. A redução gradual do ácido 2-naftóico através de uma série de reacções de hidrogenação resulta no ácido decaclina-2-carboxílico, que é subsequentemente convertido em ácido deca-hidro-2-naftóico (Meckenstock *et al.*, 2000; Cheema *et al.*, 2009). Podem existir outros mecanismos para a degradação anaeróbia do naftaleno que ainda não foram elucidados. Por exemplo, Bedessem, Swoboda-Colberg e Colberg (1997) propuseram que o passo inicial na degradação anaeróbia do naftaleno em condições de redução de sulfato ocorre através de uma reação de hidroxilação para formar um intermediário naftol.

2.8 Factores que afectam a biodegradação dos HAP

Existem muitos trabalhos de investigação publicados sobre a aplicação bem sucedida de tecnologias de bioremediação, como a biopilha e a compostagem, na remediação de sítios contaminados. A maioria destes trabalhos investigou a eficácia da bioremediação à escala de bancada e em condições laboratoriais ideais, tais como um pH circoneutro e temperaturas mesófilas (Bamforth e Singleton, 2005). No entanto, uma vez que estes factores ambientais (como o pH do solo, a disponibilidade de nutrientes e a biodisponibilidade do contaminante) variam de local para local, é evidente que podem influenciar o processo de bioremediação, inibindo o crescimento dos microrganismos que degradam o poluente.

2.8.1 Efeito da temperatura na biodegradação de PAHs

De acordo com Bamforth e Singleton (2005), a temperatura tem um efeito considerável na capacidade dos microrganismos *in situ* para degradar os HAP e, em geral, a maioria dos sítios contaminados não estará à temperatura óptima para a bioremediação durante todas as estações do ano. A solubilidade dos HAP aumenta com o aumento da temperatura (Margesin e Schinner, 2001), o que aumenta a biodisponibilidade das moléculas de HAP. Além disso, a solubilidade do oxigénio diminui com o aumento da temperatura, o que reduz a atividade metabólica dos microrganismos aeróbicos (Bamforth e Singleton, 2005). Embora a biodegradação dos HAP possa ocorrer numa vasta gama de temperaturas, a maioria dos estudos tende a centrar-se nas temperaturas mesófilas e não na eficiência das transformações a temperaturas muito baixas ou elevadas.

No entanto, é evidente que os microrganismos se adaptaram para metabolizar os HAP a temperaturas extremas; por exemplo, Siron, Pelletier e Brochu (1995) comunicaram a degradação do naftaleno e do fenantreno do petróleo bruto na água do mar a temperaturas tão baixas como 0° C. Em comparação, Lau, Tsang e Chiu (2003) referem que as enzimas lacase e manganês peroxidase dos fungos ligninolíticos têm uma temperatura óptima de $\sim 50^\circ$ C e $>75^\circ$ C, respetivamente, no composto de cogumelos usados durante a degradação dos HAP, com mais de 90% de degradação dos HAP contaminantes a ocorrer a estas temperaturas.

2.8.2 Efeito do pH na biodegradação de PAHs

Os HAP influenciam o pH do ambiente que contaminam e isto afecta as actividades dos microrganismos *in situ*, uma vez que cria uma condição desfavorável para o metabolismo microbiano. Por exemplo, Bamforth e Singleton (2005) referem que, em locais contaminados com resíduos de demolição, tais como betão e tijolos ou carvão, a oxidação e/ou lixiviação destes materiais irá alterar o pH do ambiente através da libertação e/ou oxidação de sulfuretos. Esta alteração do pH do ambiente afecta as actividades metabólicas (ou seja, a capacidade de degradação dos HAP) dos microrganismos indígenas, o que torna necessário o ajustamento do pH no local, por exemplo, através da adição de cal (Alexander, 1995). Wong, Lai, Wan, Ma e Fang (2002) investigaram a degradação do fenantreno em cultura líquida a uma gama de pH de 5,5-7,5 com *Burkholderia cocovenenas,* um organismo isolado de um solo contaminado com petróleo, e indicaram que, embora o crescimento bacteriano não fosse significativamente afetado pelo pH, a remoção do fenantreno era de apenas 40% a pH 5,5 após 16 dias, ao passo que, a valores de pH circunferencialmente neutros, a remoção do fenantreno era ≥ 80%. Do mesmo modo, Kastner, Breuer-Jammali e Mahro (1998) referiram que a *Sphingomonas paucimobilis* (estirpe BA 2) era, no entanto, mais sensível ao pH dos meios de crescimento, sendo a degradação dos PAH fenantreno e antraceno significativamente inibida a pH 5,2 em relação a pH 7.

A degradação dos HAP por microrganismos indígenas também foi registada num solo ácido (pH 2) contaminado por resíduos de carvão, tendo as concentrações de naftaleno, fenantreno e antraceno diminuído durante um período de 28 dias (Stapleton, Savage, Sayler e Stacey, 1998). Segundo estes investigadores, as concentrações de naftaleno foram reduzidas em 50% nos solos a jusante de uma pilha de carvão próxima, tendo o fenantreno e o antraceno sido reduzidos entre 10 e 20%. Os investigadores também demonstraram que um consórcio de fungos e bactérias conseguiu este resultado e sugerem a presença e a atividade de bactérias acidófilas que degradam os HAP. Segundo Bamforth e Singleton (2005), estes resultados sugerem que a investigação futura beneficiaria do isolamento e da caraterização de microrganismos que degradam os HAP de ambientes ácidos e alcalinos, uma vez que os microrganismos *in situ* num local contaminado podem apenas tolerar as condições do local, mas podem ter o potencial de metabolizar os HAP em condições sub-óptimas (neste caso, pH elevado).

2.8.3 Efeito da disponibilidade de nutrientes na biodegradação de PAHs

Outro fator que influencia a biodegradação de PAHS é a disponibilidade de nutrientes que ajudam a sobrevivência e as actividades metabólicas da comunidade microbiana *in situ*. A disponibilidade de nutrientes minerais facilmente assimiláveis, como o carbono, o azoto, o fosfato e o potássio (N, P e K), é necessária para o metabolismo celular e, por conseguinte, para o êxito do crescimento microbiano. Em sítios contaminados, onde os níveis de carbono orgânico são frequentemente elevados devido à natureza do poluente, os nutrientes disponíveis podem esgotar-se rapidamente durante o metabolismo microbiano (Breedveld e Sparrevik, 2000). Por conseguinte, é prática comum suplementar os terrenos contaminados com nutrientes, geralmente azoto e fosfatos, para estimular a comunidade microbiana *in situ* e, assim, melhorar a bioremediação (Alexander, 1994; Atagana, Haynes e Wallis, 2003). As quantidades de N e P necessárias para um crescimento microbiano ótimo e, consequentemente, para a bioremediação, foram previamente estimadas a partir do rácio C:N:P na biomassa microbiana entre 100:15:3 (Zitrides, 1978) e 120:10:1 (Alexander, 1977). No entanto, um estudo recente demonstrou que o crescimento microbiano e a biodegradação do creosote são óptimos em solos com um rácio C:N muito superior (25:1) ao previsto a partir do rácio na biomassa microbiana, sendo que rácios C:N inferiores (5:1) não provocam qualquer aumento do crescimento microbiano (Atagana *et al.*, 2003). Embora pouco trabalho tenha sido feito em relação aos níveis de nutrientes mais favoráveis necessários para a degradação óptima dos HAP, mais trabalho nesta área beneficiaria futuros ensaios de bioremediação.

2.8.4 Efeito da biodisponibilidade na biodegradação de PAHs

A biodisponibilidade, que é definida como o efeito de factores físico-químicos e microbiológicos na taxa e extensão da biodegradação (Mueller *et al.*, 1996), é considerada um dos factores mais importantes na bioremediação. Os compostos de HAP têm uma baixa biodisponibilidade e são classificados como contaminantes orgânicos hidrofóbicos (substâncias químicas com baixa solubilidade em água que são resistentes à decomposição biológica, química e fitolítica) (Semple, Morriss e Paton, 2003). Como a solubilidade dos HAP diminui com o aumento do peso molecular, a acessibilidade dos HAP ao metabolismo pelas células microbianas também diminui (Fewson, 1988). Além disso, Hatzinger e Alexander (1995) observaram que os HAP podem sofrer uma rápida sorção em superfícies minerais (ou seja, argilas) e matéria orgânica (ou seja, ácidos húmicos e fúlvicos) na matriz do solo. Segundo eles, quanto mais tempo os HAP estiverem em contacto com o solo, mais irreversível será a sorção e menor será a capacidade de extração química e biológica do contaminante. Este fenómeno é conhecido como "envelhecimento" do contaminante (Hatzinger e Alexander, 1995). Por conseguinte, a biodisponibilidade de um poluente está ligada à sua persistência num determinado ambiente.

A libertação dos HAP da superfície dos minerais e da matéria orgânica pode ser conseguida através da utilização de agentes tensioactivos (também conhecidos como surfactantes ou detergentes). Estes compostos contêm uma parte hidrofóbica e uma parte hidrofílica, proporcionando assim uma "ponte" entre a molécula hidrofóbica de HAP e a célula microbiana hidrofílica. Alguns microrganismos podem produzir tensioactivos (biossurfactantes), que podem aumentar a dessorção dos HAP da matriz do solo (Van Dyke, Lee e Trevors, 1991; Makkar e Rockne, 2003). A utilização de biossurfactantes é potencialmente mais eficaz do que a utilização de surfactantes sintéticos, uma vez que se pensa que são menos tóxicos para a comunidade microbiana *in situ* e não produzem micelas, que podem encapsular os HAP contaminantes e impedir o acesso microbiano (Makkar e Rockne, 2003).

CAPÍTULO 3

MATERIAIS E MÉTODOS

3.1 Área de estudo

O ecossistema húmico de água doce do Rio Eniong (Figura 3.1) na Área do Governo Local de Itu do Estado de Akwa Ibom, Nigéria, é um sistema aquático de "água negra" que flui como um afluente do curso médio do Rio Cross. O rio situa-se entre a latitude $5°$ 12' N - $5°$ 22' N e a longitude $7°$ 54' E - $8°$ 2' E. Caracteriza-se por uma coloração intensa devida a substâncias húmicas e possivelmente a ferro solúvel. O rio serve como fonte de água, meio de transporte e pesca para as comunidades da sua bacia hidrográfica. O rio também abriga diversas espécies de animais aquáticos, incluindo o mamífero aquático altamente ameaçado de extinção, o peixe-boi.

3.2 Recolha de amostras

Foram selecionadas três estações de amostragem designadas STA, STB e STC (Figura 3.). Estas estações representavam os cursos superior, médio e inferior do rio. Amostras de neuston (águas superficiais) e de sedimentos bentónicos foram obtidas em cada estação utilizando técnicas microbiológicas padrão. As amostras de águas superficiais foram colhidas com o amostrador de água Quebec, enquanto as amostras de sedimentos foram obtidas com o auxílio de um amostrador de garra Shipek. Foram recolhidas separadamente três amostras de água e de sedimentos por estação. As amostras foram colocadas em frascos âmbar e armazenadas numa arca frigorífica com gelo para preservar a sua qualidade. Em seguida, as amostras foram transportadas para o laboratório para análise.

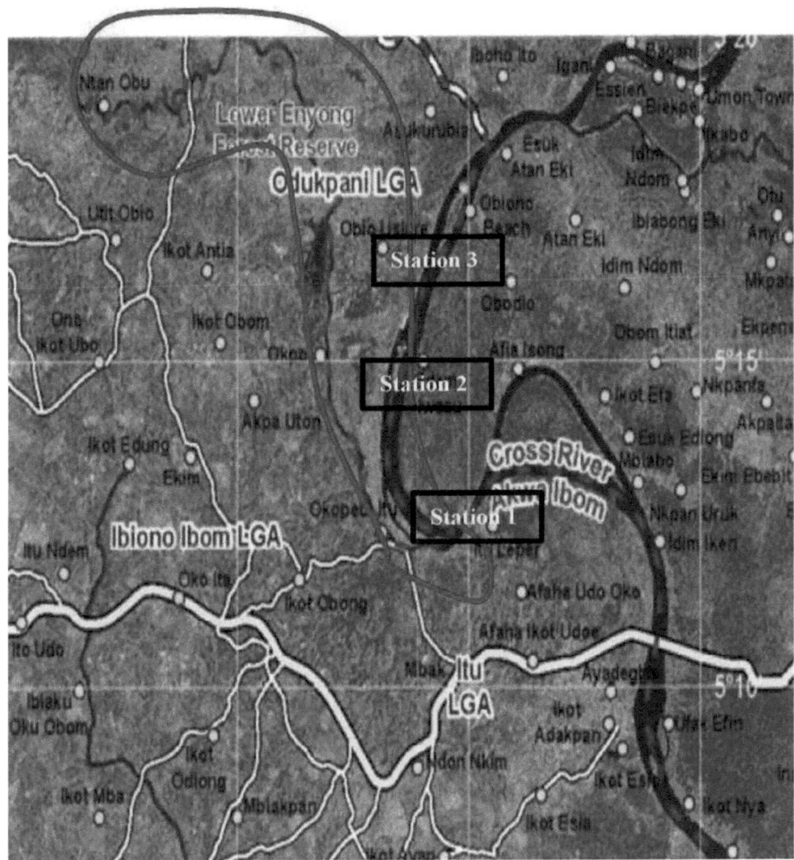

Figura 3.1: Imagem de satélite do rio Eniong, Estado de Akwa Ibom, mostrando as estações de amostragem

3.3 Estimativa das densidades de bactérias heterotróficas e degradadoras de óleo nas amostras

A estimativa das densidades bacterianas heterotróficas e degradadoras de óleo das amostras foi determinada utilizando os métodos de transferência de fase de vapor e de placa de vazamento, respetivamente. Para reduzir o número de bactérias para os valores recomendados, diluiu-se em série um mililitro (1 ml) ou um grama (1 g) das amostras de Neuston ou de sedimentos, respetivamente. Os diluentes desejados foram colocados em ágar nutriente (NA) e em meio de sal mineral (MSM) fortificado com petróleo bruto

Bonny Light esterilizado para obter densidades de bactérias heterotróficas e de bactérias que degradam o petróleo, respetivamente.

Todas as placas NA foram invertidas e incubadas a 25 - 28° C durante 24 horas, enquanto as placas MSM fortificadas com óleo bruto foram incubadas durante 4 dias. Após os períodos de incubação, as colónias discretas que surgiram na cultura foram contadas e registadas utilizando um contador de colónias.

3.4 Isolamento de bactérias utilizadoras de poluentes (petróleo bruto, naftaleno e antraceno) do sedimento utilizando a técnica de isolamento por enriquecimento

Foi inoculado precisamente um grama (1 g) de cada amostra composta de sedimento (STA, STB, STC) em três conjuntos de frascos cónicos contendo 50 ml de meio estéril de sal mineral (MSM) enriquecido com 1% de petróleo bruto, naftaleno e antraceno como fonte de carbono, respetivamente. A composição pormenorizada é apresentada no apêndice I. O meio foi incubado a 28 °C numa incubadora com agitador (100 rpm) durante 7 dias. Após 7 dias de incubação, as amostras foram diluídas em série com água esterilizada e colocadas em ágar nutriente (NA) para obter células viáveis de bactérias. As colónias discretas obtidas foram subcultivadas utilizando o método de estrias, tal como descrito por Cheesbrough (2006), para obter culturas puras.

3.5 Manutenção de culturas puras de isolados bacterianos

Para obter culturas puras dos isolados bacterianos, as culturas primárias foram submetidas a subculturas sequenciais repetidas pelo método de estrias, tal como descrito por Cheesbrough (2006). As monocolónias dos isolados bacterianos derivados foram subcultivadas em frascos MacCartney contendo lâminas de NA recentemente preparadas e incubadas a 30 ± 2° C durante 24 horas antes de serem armazenadas a 4° C para utilização futura.

3.6 Rastreio do potencial de produção de biossurfactantes dos isolados bacterianos

O rastreio de bactérias produtoras de biossurfactantes foi efectuado utilizando procedimentos analíticos padrão. As culturas puras dos isolados bacterianos foram submetidas a testes hemolíticos, de capacidade de emulsificação (% EC_{24}), de colapso de gotas e de espalhamento de óleo para determinar o seu potencial de produção de biossurfactantes. Os pormenores dos procedimentos de ensaio são descritos a seguir:

3.6.1 Atividade hemolítica

Este teste é normalmente um teste preliminar para determinar a capacidade das colónias bacterianas para induzir hemólise quando cultivadas em ágar sangue. É normalmente utilizado para classificar determinados microrganismos. Existem três tipos de hemólise: α, β e γ. Diz-se que a hemólise α ocorre quando o ágar sob a colónia se torna escuro e esverdeado, a hemólise β ocorre quando se torna amarelo claro e transparente e quando não há alterações diz-se que é hemólise γ. Os isolados bacterianos testados foram semeados em placas de ágar-sangue recentemente preparadas e incubados a 37 °C durante 48 horas, tal como descrito por Youssef, Duncan e Savage (2004). As placas foram inspeccionadas visualmente para verificar a existência de uma zona livre à volta das colónias, o que constituía uma indicação da produção de biossurfactante. O diâmetro da zona livre foi considerado como um indicador da produção de biossurfactante. A estirpe que produziu a zona de limpeza máxima foi considerada como uma estirpe com elevada produção de biossurfactante.

3.6.2 Capacidade de emulsificação (% EC 24)

A capacidade de emulsificação foi determinada utilizando o método de Cooper e Goldenberg (1987). Num tubo de ensaio de vidro (125 mm x 15 mm), misturou-se o mesmo volume de sobrenadante de uma cultura de ensaio com 72 horas de idade e querosene numa proporção de 1:1. Em seguida, a mistura foi agitada em vórtice durante 2 minutos e deixada em repouso durante 24 h. A %EC *24* é dada como percentagem obtida dividindo a altura da camada emulsionada (mm) pela altura total do líquido no tubo de ensaio de vidro (mm), multiplicando depois por 100.

3.6.3 Teste de queda e colapso

Este teste foi desenvolvido por Jain, Collins-Thompson, Lee e Trevors (1991). O ensaio baseia-se na desestabilização de gotículas líquidas por surfactantes. Neste caso, gotas de uma suspensão de células ou de sobrenadante de cultura são colocadas numa superfície sólida revestida a óleo. Se o líquido não contiver tensioactivos, as moléculas de água polar são repelidas da superfície hidrofóbica e as gotas permanecem estáveis. Se o líquido contiver tensioactivos, as gotas espalham-se ou mesmo colapsam porque a força ou tensão interfacial entre a gota líquida e a superfície hidrofóbica é reduzida. A estabilidade das gotas depende da concentração de tensioactivos e está correlacionada com a tensão superficial e interfacial.

O teste de queda de gotas foi efectuado de acordo com Plaza, Zjawiony e Banat, (2006). Neste método, o sobrenadante de cada isolado bacteriano foi pipetado para uma tampa de microplaca (12,7 x 8,6 cm^2) previamente revestida com óleo bruto de Tapis. Se a gota do sobrenadante se tornasse plana 1 minuto após a adição, o resultado era considerado positivo. Se as gotas se mantiverem em forma de grânulos, o resultado foi registado como negativo.

3.6.4 Técnica de espalhamento de óleo

Este ensaio foi desenvolvido por Morikawa, Daido, Muruta, Shimonishi e Imanaka (1993). Este ensaio baseia-se na capacidade do biossurfactante para alterar o ângulo de contacto na interface óleo-água. Isto é conseguido quando a pressão superficial do biossurfactante desloca o óleo.

Para este ensaio, 10 µl de óleo bruto foram adicionados à superfície de 40 ml de água destilada numa placa de Petri para formar uma fina camada de óleo. Em seguida, 10 µl de sobrenadante de cultura foram colocados suavemente no centro da camada de óleo. Se o biossurfactante estiver presente no sobrenadante, o óleo é deslocado e forma-se uma zona transparente. O diâmetro da zona clara é medido após 30 segundos e este diâmetro está correlacionado com a atividade do surfactante, também chamada atividade de deslocação do óleo. A medição é expressa em unidade BS, conhecida como unidade biossurfactante.

3.7 Rastreio do potencial de utilização de petróleo bruto e PAH dos isolados bacterianos

O potencial de utilização de petróleo bruto dos isolados de bactérias foi determinado utilizando o método de sobreposição de hidrocarbonetos. Foram adicionados 15 g de ágar-ágar ao meio de sal mineral (a mesma composição do meio de enriquecimento), esterilizados e deixados a solidificar. As placas solidificadas foram cobertas com 1% (v/v) de petróleo bruto estéril, deixadas durante cerca de 15 a 30 minutos e, em seguida, os isolados testados foram semeados na superfície da placa.

O rastreio de bactérias com potencial de utilização de HAP foi efectuado através de um método de sobreposição modificado utilizado para isolar bactérias que utilizam petróleo bruto. Aqui, depois de esterilizar o meio, este foi distribuído em placas de Petri (15 ml) e deixou-se assentar. Os cristais de naftaleno e antraceno (0,5 g cada) foram dissolvidos em 10 ml de acetona e utilizados para revestir ligeiramente as superfícies das placas. As placas revestidas foram posteriormente mantidas durante 24 horas para que o solvente transportador se volatilizasse. Os isolados testados foram então inoculados na placa utilizando o método de estrias. Todas as placas inoculadas foram incubadas à temperatura ambiente durante 5-15 dias, com observação periódica. As colónias que eventualmente se desenvolveram mostrando uma área de limpeza foram selecionadas e classificadas. A utilização foi classificada com base no diâmetro e na natureza luxuriante das colónias desenvolvidas, ou seja, "+", "++" ou "+++", indicando a magnitude dos potenciais.

3.8 Caracterização de isolados bacterianos

Os melhores isolados bacterianos produtores de biossurfactantes, que utilizam petróleo bruto e HAP, foram caracterizados com base nos seus atributos culturais e morfológicos, bem como nas suas respostas a testes bioquímicos padrão, tal como descrito por Cheesbrough (2006). As monoculturas de bactérias obtidas com vinte e quatro horas de idade foram submetidas à coloração de Gram e de endosporos e a vários testes bioquímicos, tais como o teste da catalase, o teste de utilização de citrato, o teste da oxidase, o teste da motilidade, o teste do vermelho de metilo e o teste de Voges

Proskauer e o teste do indol, bem como o teste de fermentação do açúcar. Os resultados obtidos foram comparados com as caraterísticas descritas no manual de bacteriologia determinativa de Bergey (Brenner, Krieg e Staley e Garrity, 1982) para identificação. Os pormenores do procedimento adotado são apresentados no apêndice II.

3.9 Extração e cura de plasmídeos de isolados bacterianos produtores de biossurfactantes fortes

O método descrito por Maniatis, Fritsch e Sambrook (1982), e Kraft, Tardiff, Krauter e Leinwand (1988), foi utilizado para extrair e curar o plasmídeo do isolado com forte produção de biossurfactante. Precisamente 1,5 ml de um organismo de teste com 24 horas de idade foi centrifugado durante 1 minuto. O sobrenadante foi então decantado suavemente, deixando cerca de 50 - 100 µL juntamente com o pellet de células. Em seguida, foram adicionados 300 µL de TENS e a suspensão foi misturada invertendo os tubos 3 a 5 vezes até a mistura ficar pegajosa. Seguiu-se a adição de 150 µL de acetato de sódio 3,0 M, pH 5,2, e agitar em vórtice para misturar completamente, centrifugar durante 5 minutos numa microcentrifugadora para sedimentar os resíduos celulares e o ADN cromossómico. O sobrenadante foi transferido para um novo tubo; misturado com 900 µL de etanol absoluto gelado e centrifugado durante 10 minutos para sedimentar o ADN plasmídico (observa-se um sedimento branco). O sobrenadante foi eliminado e o sedimento foi lavado duas vezes com 1 ml de etanol a 70% e seco. O sedimento seco foi ressuspenso em 20 - 40 µL de tampão TE para utilização posterior. O ADN plasmídico obtido foi separado em bandas com base no seu peso molecular por eletroforese em gel de agarose a 0,8%. O ADN plasmídico foi corado com brometo de etídio e visualizado por iluminação UV - Trans. O isolado foi curado com laranja de acradina e a estirpe curada foi submetida a novo rastreio.

3.10 Estudos de degradação de hidrocarbonetos

3.10.1 Padronização de isolados para degradação

Antes do estudo de degradação, foram padronizados os isolados bacterianos com forte produção de biossurfactantes e com melhor utilização de poluentes. O objetivo era determinar o tamanho dos inóculos a utilizar no estudo de degradação. Aqui, uma ansa cheia dos isolados foi inoculada em tubos de ensaio separados contendo 10 ml de caldo de peptona estéril. Os tubos de ensaio inoculados foram incubados a 27° C durante 24 horas. Após 24 horas, 1 ml da alíquota foi transferido assepticamente para uma placa de Petri estéril e foram adicionados cerca de 15 ml de ágar nutriente estéril. As placas foram agitadas e deixadas em repouso. Em seguida, inverteram-se e incubaram-se a 27° C durante 24 horas. Após 24 horas, as colónias discretas que se desenvolveram foram contadas e registadas como o total inicial de células viáveis por ml da alíquota.

3.10.2 Degradação de petróleo bruto e PAHs associados por uma única população bacteriana

O estudo de degradação foi efectuado através da modificação do método de Panda, Kar e Panda (2013). Inoculou-se 1 ml do caldo de cultura padronizado da melhor bactéria utilizadora de petróleo bruto de 3.7 num frasco cónico de 250 ml contendo 150 ml de MSM aumentado com 2 % de petróleo bruto. Um outro frasco cónico foi preparado para conter 150 ml de MSM e 2% de petróleo bruto sem ser inoculado com o isolado testado. Este frasco serviu de controlo para o estudo da degradação. Os dois conjuntos de frascos cónicos foram incubados a 28 °C numa incubadora com agitador (100 rpm) durante 30 dias antes da estimativa da taxa de degradação.

3.10.3 Degradação melhorada de petróleo bruto e PAHs associados por uma população de bactérias produtoras de biossurfactantes

O aumento da degradação do petróleo bruto e do seu constituinte PAH também foi determinado utilizando o método modificado de Panda, Kar e Panda (2013). Neste método, um frasco cónico de 250 ml contendo 1 ml do caldo padronizado da melhor bactéria utilizadora de petróleo bruto de 3,7, 150 ml de MSM e 2 % de petróleo bruto foi aumentado com 1 ml do caldo de cultura padronizado da melhor bactéria produtora de biossurfactante de 3,6. Foi também preparado um controlo contendo apenas 150 ml de MSM e 2 % de petróleo bruto. Os dois conjuntos de frascos cónicos foram incubados a 28 °C numa incubadora com agitador (100 rpm) durante 30 dias antes da análise da taxa de degradação.

3.10.4 Estimativa das taxas de degradação

O grau de degradação do petróleo bruto Bonny Light e das suites de PAHs inerentes pelos isolados testados foi medido de três formas. Em primeiro lugar, a determinação do crescimento bacteriano através da estimativa da contagem total de bactérias viáveis (TVBC), em segundo lugar, através da medição de índices de crescimento, tais como a densidade ótica (OD_{550}) e as alterações no pH do meio de crescimento e, em terceiro lugar, através da comparação das concentrações reveladas pelos cromatogramas de HAP degradados sujeitos a degradação por monocultura do degradador de petróleo bruto com as do consórcio bacteriano. Neste caso, as concentrações de HAP foram calculadas em relação ao padrão esqualano.

(i) Determinação da contagem total de bactérias viáveis (TVBC) dos isolados de teste durante a degradação

Os crescimentos dos isolados de teste em hidrocarbonetos foram determinados por contagens de células viáveis em ágar Bacto nutriente utilizando a técnica padrão de placa de derramamento (Harrigan e McCance, 1990; Zuberer, 1994) com um intervalo de 3 dias. Para o efeito, procedeu-se a uma diluição seriada de 10 vezes da alíquota da instalação. 1 ml da alíquota da diluição de 10^{-2} foi colocado em placas. As placas foram invertidas e incubadas a 27° C durante 24 horas. Após 24 horas, foram contadas colónias discretas nas placas e registadas como a carga microbiana.

(ii) Estimativa dos índices de crescimento

(a) Determinação dos "potenciais de iões de hidrogénio" (pH) libertados durante o processo de degradação

O pH da instalação de degradação foi também determinado com um intervalo de 3 dias, utilizando um medidor de pH (Oakion). Antes de cada utilização, o medidor de pH foi padronizado com um tampão de pH conhecido.

(iii) Medição das taxas de degradação do petróleo bruto

(a) Degradação de hidrocarbonetos totais de petróleo (TPH)

Antes e depois do tratamento com os isolados testados, mediram-se cem (100) ml da amostra preparada para uma ampola de decantação e adicionaram-se 10 ml de diclorometano: hexano (1:1). A mistura foi agitada suavemente e ventilada durante 5 minutos. Deixou-se separar a camada aquosa e decantou-se. Os extractos foram concentrados por evaporador rotativo em 1 ml. Injectou-se precisamente 1,0 μL dos extractos num GC-FID Hewlett-Packard HP 5890 pré-programado. A concentração de TPH foi calculada a partir da área do pico dos padrões de calibração. As condições operacionais do GC utilizadas para a determinação do TPH são as seguintes Temperatura inicial do forno - 50° C, tempo de espera inicial - 2,0 minutos, rampa - 10° C/min para 300° C, temperatura final do forno - 320° C, temperatura do detetor - 340° C, temperatura do injetor - 250° C, gás de transporte - hélio, gás de ignição - hidrogénio e ar (Sadler e Connell, 2003).

(b) Degradação de hidrocarbonetos aromáticos policíclicos (PAH)

Após uma incubação de 21 dias, o óleo residual foi extraído do meio de cultura com diclorometano. O esqualano e o bromotetradecano foram adicionados como padrões internos. A quantidade de compostos aromáticos individuais foi determinada por GC-FID, relativamente aos padrões.

Para o efeito, mediram-se 100 ml de amostra numa ampola de decantação, adicionaram-se 20 ml de diclorometano e agitou-se durante 5 minutos. O extrato foi concentrado a 2 ml num evaporador rotativo. Adicionaram-se 20 ml de KOH 0,5 M em 100 ml de metanol e a mistura foi refluxada durante 30 minutos num banho de água a 60° C. Adicionaram-se 10 ml de água desionizada e extraiu-se com hexano (10 ml). O extrato foi seco sobre sulfato de sódio anidro e concentrado a 60° C num evaporador rotativo até 2 ml. O extrato foi então passado através de uma coluna de sílica-gel previamente condicionada com hexano e eluída com 10 ml de hexano para as fracções alifáticas. À mesma coluna, foram adicionados 10 ml de diclorometano para a eluição dos PAH, tendo o eluente sido concentrado para 1 ml e trocado de solvente com 1 ml de acetonitrilo. Foi injetado 1 µl do extrato num GC-FID HP 5890 pré-programado. A concentração dos PAH foi calculada a partir da área do pico dos padrões de calibração.

As condições operacionais para a análise de PAH foram as seguintes: Temperatura inicial do forno - 100^0 C, tempo de espera inicial - 0,5 minutos, rampa - 15° C/min para 200° C, depois 20° C/min para 300° C, temperatura final do forno - 300° C, temperatura do detetor - 340° C, temperatura do injetor - 250° C, gás portador - hélio, gás de ignição - hidrogénio e ar. Os PAHs foram determinados no modo de monitorização selectiva de iões com uma energia de ionização de 70 ev. Os picos m/z correspondentes às massas moleculares de cada HAP foram utilizados para identificação e quantificação (Sadler e Connell, 2003). O grau de biodegradação é citado como valores percentuais baseados na relação entre a massa de HAP degradada, após incubação, e a massa de HAP disponível para os consórcios no início da experiência.

CAPÍTULO 4

RESULTADOS E DISCUSSÃO

4.1 Resultados

4.1.1 Densidades populacionais de bactérias heterotróficas cultiváveis e degradadoras de petróleo bruto no ecossistema húmico

Os resultados das densidades totais de bactérias heterotróficas e degradadoras de petróleo bruto das amostras obtidas (Tabelas 4.1 e 4.2) mostram que o ecossistema suporta uma vasta densidade de população bacteriana. Os valores registados revelaram que as densidades das bactérias heterotróficas cultiváveis presentes em 1 ml de água variaram entre $1,5 \pm 0,67$ x 10^3 e $3,5 \pm 0,97$ x 10^3 ufc/ml, enquanto a densidade das bactérias degradadoras de petróleo bruto variou entre $1,0 \pm 0,32$ e $1,8 \pm 0,52$ ufc/ml. Entre as três estações selecionadas para o estudo, as amostras recolhidas na estação B apresentaram as populações mais elevadas de bactérias heterotróficas e de bactérias que degradam o petróleo bruto. Os valores obtidos na estação B variaram entre $3,5\pm 0,97$ x 10^3 e $1,8 \pm 0,52$ x 10^3 ufc/ml, respetivamente (Tabela 4.1). Por outro lado, as amostras de sedimentos húmicos apresentaram um maior número de heterótrofos cultiváveis e de bactérias degradadoras de petróleo bruto. A carga bacteriana heterotrófica no sedimento variou entre $1,2 \pm 0,57$ x 10^5 e $4,0 \pm 0,52$ x 10^5 ufc/g, enquanto a carga bacteriana de degradação do petróleo bruto variou entre $1,2 \pm 0,4$ x 10^5 e $2,0 \pm 0,92$ x 10^5 ufc/g. Do mesmo modo, a estação B registou as densidades bacterianas heterotróficas ($4,0 \pm 0,52$ x 10^5 ufc/g) e de degradação de petróleo bruto ($2,0 \pm 0,92$ x 10^5 ufc/g) mais elevadas (Quadro 4.2). A variação global das populações bacterianas húmicas de água doce e de sedimentos entre as estações de amostragem é ilustrada nas figuras 4.1 e 4.2, respetivamente.

Os valores do índice de poluição (relação ODB/THB) de 0,004, 0,005, 0,006 e 0,0005, 0,0005, 0,001 foram registados, respetivamente, para as amostras de águas superficiais e de sedimentos do ecossistema húmico.

Quadro 4.1: Densidade de bactérias heterotróficas e degradadoras de petróleo bruto (ufc/ml) em amostras de água superficial de água doce húmica do rio Eniong

Estação	Bactérias heterotróficas totais (THB) $(x\ 10\ )^3$	Bactérias degradadoras de óleo (ODB) $(x\ 10\ )^1$	Índice de poluição: Rácio ODB/THB
HWA	3.3 ± 0.30	1.2 ± 0.20	0.004
HWB	3.5 ± 0.97	1.8 ± 0.52	0.005
HWC	1.5 ± 0.67	1.0 ± 0.32	0.006

Os valores são a média de três determinações

Quadro 4.2 Densidades de bactérias heterotróficas e degradadoras de petróleo bruto (ufc/g) em amostras de sedimentos de água doce húmica do rio Eniong

Estação	Bactérias heterotróficas totais (THB) $(x\ 10\ )^5$	Bactérias degradadoras de óleo (ODB) $(x\ 10\ )^2$	Índice de poluição: Rácio ODB/THB
HSA	2.7± 1.02	1.4 ± 0.67	0.0005
HSB	4.0 ± 0.52	2.0 ± 0.92	0.0005
HSC	1.2 ± 0.57	1.2 ± 0.4	0.001

Os valores são a média de três determinações

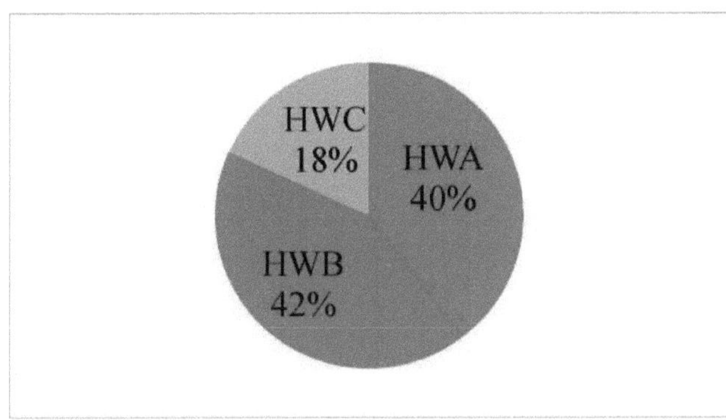

Legenda: **HSA**: Estação de água doce húmica A; **HSB**: Estação de água doce húmica B; **HSC:** Estação de água doce húmica C

Figura 4.1: Distribuição percentual de bactérias heterotróficas na amostra de água das três estações

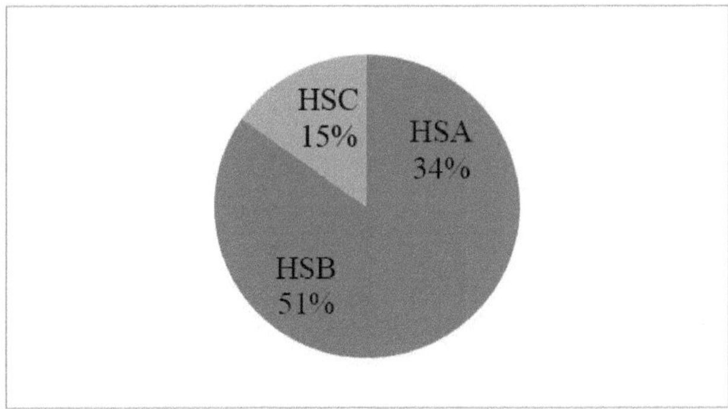

Legenda: **HSA**: Estação de água doce húmica A; **HSB**: Estação de água doce húmica B; **HSC:** Estação de água doce húmica C

Figura 4.2: Distribuição percentual das bactérias heterotróficas nas amostras de sedimentos das três estações

4.1.2. Estimativa da Densidade de Bactérias Utilizadoras de Poluentes no Sedimento Utilizando a Técnica de Isolamento por Enriquecimento

Para obter espécies bacterianas indígenas com capacidade para degradar o petróleo bruto, foi utilizada a técnica de cultura de enriquecimento. Isto foi efectuado para préexpor os isolados a hidrocarbonetos e aumentar o crescimento de populações bacterianas que utilizam petróleo bruto. As contagens bacterianas obtidas após o enriquecimento são apresentadas na Tabela 4.3. Embora a concentração tóxica dos poluentes nos isolados não tenha sido determinada, o resultado da contagem bacteriana da comunidade bacteriana enriquecida revelou que a densidade das bactérias utilizadoras de poluentes aumentou com o aumento da concentração do poluente utilizado.

Quadro 4.3 Contagem bacteriana (ufc/g) de culturas enriquecidas com os poluentes em estudo

Percentagem Poluição (%)	Petróleo bruto (ml)	Naftaleno (g)	Antraceno (g)
1%	1.4×10^4	1.5×10^4	1.2×10^4
2%	2.6×10^3	2.4×10^3	2.0×10^4

Chave 1% = 2 g ou 2 ml de poluente em 200 ml de MSM

2% = 4 g ou 4 ml de poluente em 200 ml de MSM

4.1.3 Potencialidades de produção de biossurfactantes dos isolados bacterianos

Os resultados do ensaio do potencial de produção de biossurfactantes das diferentes populações bacterianas obtidas a partir das amostras enriquecidas são apresentados no quadro 4.4. Os resultados revelaram que, dos 13 isolados bacterianos discretos obtidos a partir da amostra, apenas 4 isolados ($EHSC_1$, $EHSC_3$, $EHSA_4$ e $EHSN_3$) exibiram a capacidade de produzir biossurfactantes. De todos os isolados produtores de biossurfactantes, dois dos isolados foram obtidos a partir de uma amostra enriquecida com petróleo bruto ($EHSC_1$, $EHSC_3$), um isolado a partir de uma amostra enriquecida com antraceno ($EHSA_4$) e um a partir de uma amostra enriquecida com naftaleno ($EHSN_3$).

A quantidade de biossurfactante produzida por cada um dos isolados foi determinada com base na capacidade de emulsificação do seu sobrenadante de cultura. A partir dos resultados (Placa I), ficou evidente que o isolado EHSA$_4$ demonstrou a maior capacidade de emulsificação.

Tabela 4.4: Potencial de produção de biossurfactantes dos isolados bacterianos

Isolados Código	Potenciais de produção de biossurfactantes			
	Atividade hemolítica	Capacidade de emulsificação (%)	Colapso da gota	Espalhamento de óleo
EHSC$_1$	+	7.2	+	+
EHSC$_2$	-	-	-	-
CSEH$_3$	+	11.5	+	+
EHSC$_4$	-	-	-	-
EHSA$_1$	-	-	-	-
EHSA$_2$	-	-	-	-
EHSA$_3$	-	-	-	-
EHSA$_4$	+	13.3	+	+
EHSA$_5$	-	-	-	-
EHSN$_1$	-	-	-	-
EHSN$_2$	-	-	-	-
EHSN$_3$	+	11.5	+	+
EHSN$_4$	-	-	-	-

Legenda: + = Positivo; - = Negativo

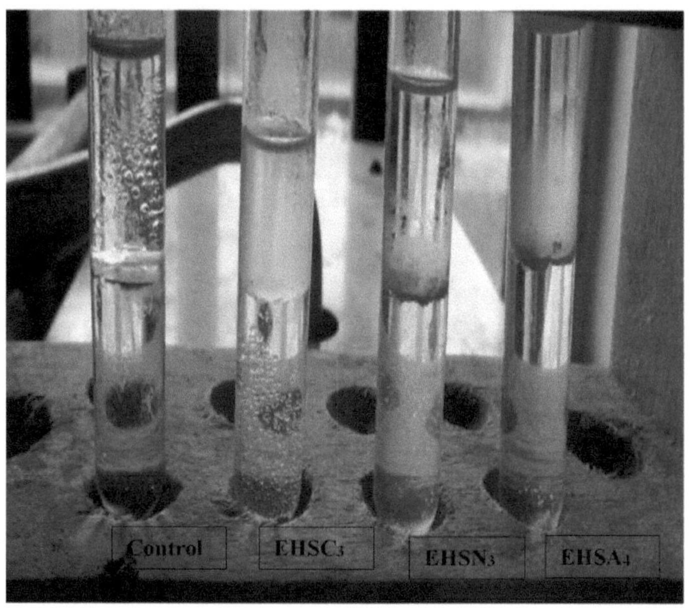

Placa I: Capacidade de emulsificação dos isolados

4.1.4 Potencialidades de utilização de petróleo bruto e PAHs dos isolados bacterianos

Os potenciais de utilização de petróleo bruto e PAHs dos isolados foram determinados utilizando os métodos de sobreposição de hidrocarbonetos e acetona - transportador, respetivamente. O resultado da análise revelou que, dos 13 isolados selecionados, o isolado $EHSC_1$ demonstrou um potencial muito forte para utilizar todos os hidrocarbonetos poluentes (petróleo bruto, naftaleno e antraceno). Este facto foi revelado pelo aumento notável da biomassa do isolado quando exposto aos vários poluentes como única fonte de carbono (Tabela 4.5).

Tabela 4.5 Potencial de utilização de poluentes hidrocarbonetos dos isolados bacterianos

Isolar código	Taxa de utilização de petróleo bruto	Taxa de utilização do naftaleno	Taxa de utilização de antraceno
$CSEH_1$	++++	++	+

CSEH$_2$	+++	++	+
EHSC$_3$	++	+	-
CSEH$_4$	+	-	-
EHSA$_1$	+++	-	-
EHSA$_2$	++	+	-
EHSA$_3$	++	-	-
EHSA$_4$	+	-	-
EHSA$_5$	++	+	-
EHSN$_1$	++	+	+
EHSN$_2$	+	-	+
EHSN$_3$	++	+	-
EHSN$_4$	+++	+	+

Legenda - = sem crescimento, 1- 5 mm (fraco) = +; 6 - 10 mm (moderado) = ++; 11 - 15 mm (forte) = +++; 16 - 20 mm (mais forte) = ++++

4.1.5 Caraterísticas Morfológicas e Bioquímicas de um Isolado Bacteriano Forte Produtor de Biossurfactantes e Utilizador de Poluentes

Os atributos culturais, morfológicos e bioquímicos dos isolados de bactérias com forte potencial de produção de biossurfactantes (EHSA$_4$) e de utilização de poluentes (EHSC$_1$) são apresentados nas Tabelas 4.6. A análise comparativa dos resultados mostrou que o isolado com maior capacidade de produção de biossurfactantes foi *Micrococcus luteus,* enquanto *Bacillus subtilis* demonstrou o maior potencial de utilização de poluentes.

Tabela 4.6 Caraterísticas morfológicas e bioquímicas de isolados bacterianos fortes produtores de biossurfactantes e utilizadores de poluentes

Isolate	G. S.	Shape	Catalase	Indole	Citrate	M. R.	Endospore	Urease	Oxidase	Motility	V. P.	Glucose	Sucrose	Lactose	Mannose	Maltose	Probable Organism
EHSC$_1$	+	R	+	-	+	-	+	-	-	+	+	-	AG	A	AG	A	*Bacillus subtilis*
EHSA$_4$	+	S	+	-	-	+	-	-	+	-	-	-	-	-	-	-	*Micrococcus luteus*

Legenda: G. S = coloração de Gram; M. R. = vermelho de metilo; V. P = Voges Proskauer; + = positivo; - = negativo; R = bastonete; S = esférico; A = apenas ácido; AG = ácido e gás produzidos

4.1.6 Determinação da localização do gene que codifica os biossurfactantes

O plasmídeo do melhor isolado produtor de biossurfactante *(M.luteus)* foi extraído, curado e submetido a um novo rastreio da sua capacidade de produção de biossurfactante. O resultado mostrou que o organismo perdeu o seu plasmídeo de 7 kbp, bem como o seu potencial de produção de biossurfactante. A placa II mostra as bandas de ADN plasmídico não curado e curado de *M. luteus*.

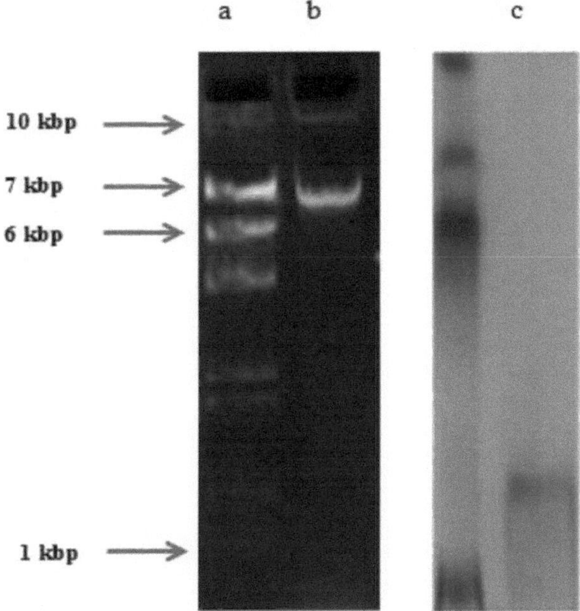

Legenda: a - marcador (QuantDNA1-10 kbp); b - ADN plasmídico; c - ADN plasmídico curado

Placa II: Bandas de ADN plasmídico não curado e curado de *M. luteus*

4.1.7 Degradabilidade do óleo bruto e dos PAH do isolado de ensaio

Os resultados do estudo de degradação revelaram níveis variáveis de degradação de hidrocarbonetos por monocultura de *B. subtilis* e maior degradação por *B. subtilis* reforçada por estirpe produtora de biossurfactante de *M. luteus* num consórcio bacteriano misto. A sua capacidade para degradar os hidrocarbonetos foi medida pelo nível de células viáveis produzidas, a densidade ótica e as alterações no pH do meio de cultura, bem como a taxa de degradação de suites de PAHs no petróleo bruto Bonny Light.

4.1.7.1 Contagem total de viáveis (TVC) dos isolados de teste durante o processo de degradação

Os resultados da avaliação indireta utilizando o índice total de células viáveis são apresentados no Apêndice III. O resultado da contagem total de células viáveis revelou que a biomassa microbiana aumentou ao longo do tempo durante a degradação. A taxa de aumento foi aparentemente mais elevada no processo de degradação em cultura mista (*B. subtilis* + *M. luteus*) do que na degradação em monocultura por *B. subtilis* (Fig. 4.3).

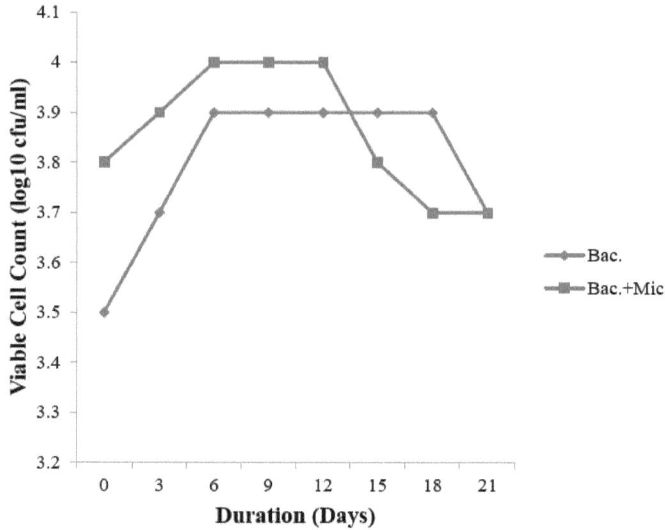

Figura 4.3: Variação na produção de biomassa durante a degradação do petróleo bruto por *Bacillus subtilis* em monocultura (Bac.) e cultura mista de *B. subtilis* e *Micrococcus luteus* à temperatura ambiente (Bac +Mic) (27± 2º C)

4.1.7.2 Níveis de pH dos meios das culturas de ensaio

Registou-se um aumento geral da acidez dos meios de ensaio (apêndice IV). No caso da monocultura ou do meio de ensaio de população única, o pH diminuiu do nível inicial de 6,6 para 6,4 após 21 dias. Por outro lado, a cultura mista induziu uma alteração do pH de 6,6 para 6,2 no mesmo período de estudo, indicando uma maior atividade catabólica (Fig. 4.4).

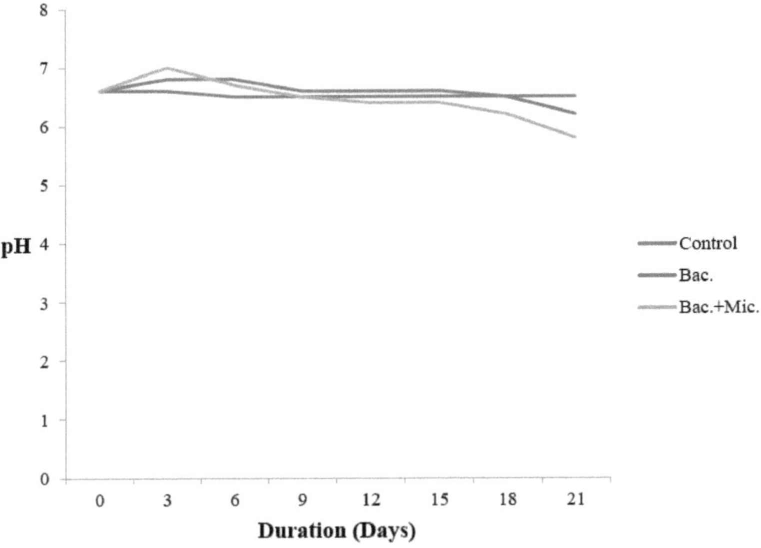

Figura 4.4: Variação do pH do meio durante 21 dias de degradação de hidrocarbonetos pela monocultura de *Bacillus subtilis* (Bac.) e pela cultura mista de *B. subtilis* e *Micrococcus luteus* à temperatura ambiente (27±2° C).

4.1.7.3 Degradabilidade dos hidrocarbonetos totais de petróleo (TPH) dos isolados de ensaio

O estudo de degradação efectuado durante 21 dias mostrou que a degradação do petróleo bruto e dos seus componentes por *B. subtilis* foi mais rápida quando reforçada com a cultura de *M luteus* do que quando efectuada isoladamente. A *B. subtilis* foi capaz de reduzir o teor de hidrocarbonetos petrolíferos totais (TPH) do petróleo bruto de 20,3467 mg/l para 16,3082 mg/l isoladamente, mas quando reforçada com a cultura de *M. luteus*, o TPH foi reduzido para 10,9755 mg/l. As figuras 4.5, 4.6 e 4.7 mostram o cromatograma do TPH do petróleo bruto antes e depois da degradação com *B. subtilis* e consórcio de *B. subtilis* e *M. luteus*. O resumo da percentagem dos componentes TPH remanescentes após 21 dias de degradação é apresentado no Apêndice V.

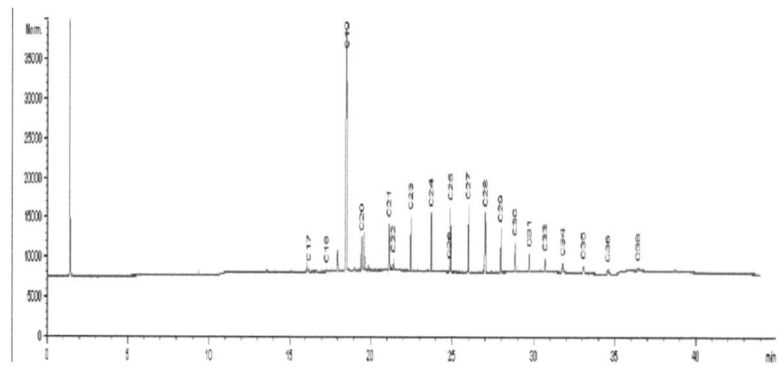

Figura 4.5 Cromatograma do TPH do petróleo bruto antes da degradação

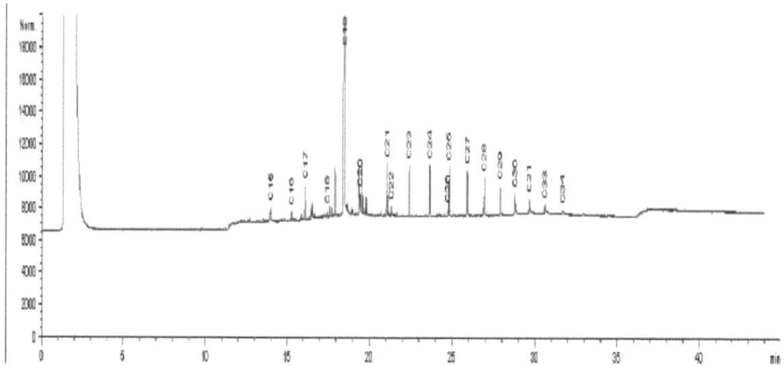

Figura 4.6 Cromatograma do TPH do petróleo bruto após degradação com *Bacillus subtilis*

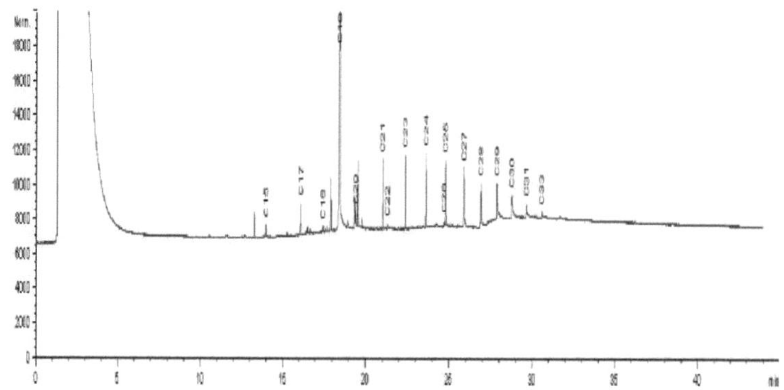

Figura 4.7 Cromatograma do TPH do petróleo bruto após degradação com cultura mista de *Bacillus subtilis* e *Micrococcus luteus*

4.1.7.4 Hidrocarbonetos aromáticos policíclicos (PAH) Degradabilidade dos isolados de ensaio

A análise do teor de hidrocarbonetos aromáticos policíclicos (HAP) do petróleo bruto também revelou que a população bacteriana combinada *(B. subtilis* e *M. luteus)* reduziu os níveis de HAP totais do petróleo bruto mais do que a população bacteriana isolada *(B. subtilis)*. O TPAH das amostras após 21 dias de degradação com *B. subtilis* isolada foi de 2,4547 mg/l, enquanto o da degradação melhorada foi de 2,1833 mg/l. As figuras 4.8 e 4.9 mostram o cromatograma do TPAH do petróleo bruto após degradação com *B. subtilis* e com *B. subtilis* e *M. luteus* combinados, respetivamente.

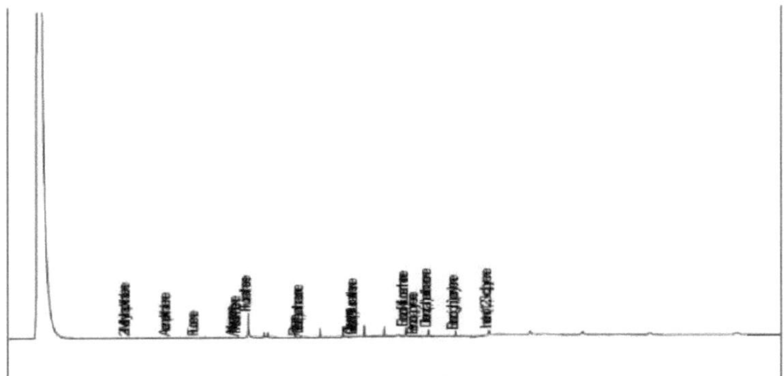

Figura 4.8 Cromatograma do TPAH após degradação com *Bacillus subtilis*

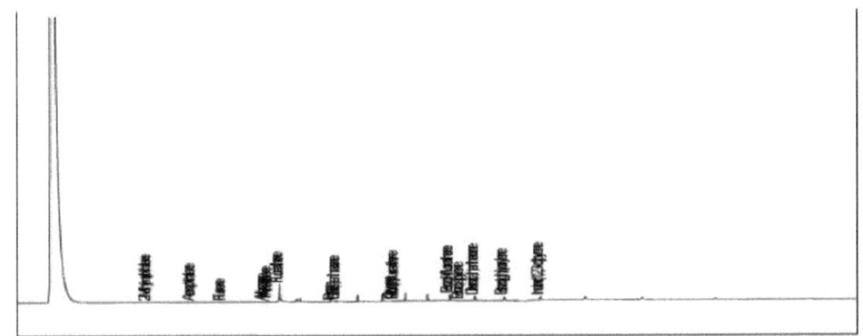

Figura 4.9 Cromatograma do TPAH após degradação com consórcios de *Bacillus subtilis* e *Micrococcus luteus*.

O apêndice VI apresenta um resumo dos níveis de suites de PAH remanescentes e a taxa da sua degradação após 21 dias. Os resultados revelaram uma degradação superior a 90% do naftaleno, antraceno, benzo(a)pireno, acenapetileno, benzo(a)antraceno, fluoreno, acenafteno, 2-metilnaftaleno, benzo(b)fluoranteno e pireno durante o estudo de degradação melhorada.

4.2 Discussão

4.2.1 Densidade da População Bacteriana da Área de Estudo

Os microrganismos distribuem-se na biosfera com base na seleção natural (Atlas e Bartha, 1992). No ecossistema aquático, estes microrganismos desempenham um grande número de papéis importantes na decomposição da matéria orgânica, na mineralização, na reciclagem e transformação de elementos devido às suas capacidades metabólicas versáteis. Estas potencialidades metabólicas permitem que o organismo se adapte e sobreviva mesmo na presença de ambientes poluentes. Um dos índices de adaptação microbiana em qualquer ecossistema é a sua biomassa. A variação na densidade bacteriana obtida a partir das várias estações de amostragem pode ser atribuída à dinâmica e aos parâmetros ambientais variáveis da área de estudo, enquanto a elevada carga bacteriana registada na área de estudo pode ser atribuída à elevada presença de substâncias húmicas no ecossistema. Os valores do índice de poluição (rácio ODB/THB) de 0,004, 0,005, 0,006 e 0,0005, 0,0005, 0,001 registados para as amostras de águas superficiais e de sedimentos, respetivamente, são baixos e mostraram que o ecossistema húmico de água doce está isento de contaminantes de hidrocarbonetos.

Os ácidos húmicos são resíduos vegetais e animais que, sob a ação de microrganismos, são primeiro decompostos em compostos mais simples e depois condensados para formar vários tipos de polímeros amorfos, abundantes em rios, lagos, sedimentos marinhos e solos, carvão, lenhite e turfa (Burkowska e Donderski, 2007). Pouneva (2005) e Burkowska e Donderski (2007) atestam que as substâncias húmicas aumentam a taxa de crescimento de muitas formas de microrganismos benéficos, em parte, estimulando as actividades enzimáticas e ajudando na nutrição dos microrganismos através da complexação e fornecimento de oligoelementos como o ferro às superfícies das células microbianas (Chen e Wang, 2008). Isto é verdade tanto para os microrganismos aeróbios como para os anaeróbios (Hartung, 1992).

A diminuição da densidade bacteriana obtida após o processo de enriquecimento é uma indicação do aumento seletivo da comunidade bacteriana que pode utilizar os poluentes em comparação com a densidade bacteriana total que está presente no ecossistema. Isto mostra, portanto, que os poluentes inibiram o crescimento de várias outras populações bacterianas presentes no ecossistema. Este impacto pode ser comparado ao efeito do derrame de petróleo sobre a densidade bacteriana da zona afetada. Este trabalho está em consonância com vários investigadores (Saadoun, Mohammad, Hameed e Shawaqfah, 2008; Onwurah, Ogugua, Onyike, Ochongor e Otitoju, 2007) que relataram os efeitos da poluição por petróleo bruto sobre as densidades das populações bacterianas nos vários ecossistemas estudados.

4.2.2 Ensaio e identificação de um forte isolado bacteriano produtor de biossurfactante

Os biossurfactantes são um grupo de produtos naturais microbianos extracelulares estruturalmente diversos com propriedades bioquímicas únicas (Lotfabad *et al.*, 2009; Singh, 2012). São o equivalente biológico do agente ativo de superfície presente nos detergentes e nos tensioactivos sintéticos, mas são sintetizados extracelularmente por microrganismos, sobretudo bactérias e fungos, para reduzir a tensão superficial (TS) e as tensões interfaciais entre moléculas individuais nas superfícies e interfaces, respetivamente.

A análise do potencial de produção de biossurfactante dos isolados obtidos neste estudo revelou que quatro (4) dos isolados bacterianos eram capazes de elaborar biossurfactante. A quantidade de biossurfactante produzida por cada um destes isolados foi determinada com base na capacidade de emulsificação do seu sobrenadante de cultura. Deste modo, a EHSA4 apresentou a maior capacidade de emulsificação.

A caraterização bioquímica da $EHSA_4$ revela células esféricas gram positivas que aparecem em tétrades. Catalase positiva, oxidase positiva, indole negativa e citrato negativo, sem capacidade fermentativa. Estas caraterísticas, quando comparadas com as de Brenner *et al.* (1982), revelaram que o isolado é uma espécie de *Micrococcus luteus*.

O rastreio da presença e do tamanho do plasmídeo no isolado revelou que o organismo possuía um plasmídeo com 7 kbp. Isto levou a que se curasse o isolado deste plasmídeo para determinar se o potencial de produção de biossurfactante era plasmídeo ou geneticamente codificado. O resultado da cura revelou que o organismo perdeu o seu potencial de produção de biossurfactante assim que o plasmídeo foi perdido. Isto, por conseguinte, determina que o potencial era mediado por plasmídeo e estava codificado no plasmídeo de 7 kbp do organismo.

4.2.3 Isolamento e Caracterização de Isolado Bacteriano com Forte Potencial de Utilização de Petróleo Bruto e PAH

As espécies bacterianas a utilizar no estudo de degradação foram selecionadas com base no seu potencial de utilização de petróleo bruto e de HAP, como se mostra na Tabela 4.5. O isolado com o melhor potencial de utilização de poluentes ($EHSC_1$) foi então submetido a testes bioquímicos e de fermentação de açúcar para determinar a sua identidade. O resultado da análise revelou que o $EHSC_1$ é uma espécie de *Bacillus subtilis*. O potencial de utilização de poluentes do isolado pode ser atribuído à capacidade dos organismos de elaborarem biossurfactantes. Acredita-se que a propriedade anfifílica do biossurfactante melhora a degradação do petróleo bruto ao reduzir a tensão superficial entre o petróleo bruto e o organismo de teste (Nwaogu, Onyeze e Nwabueze, 2008).

4.2.4 Degradação de petróleo bruto e dos seus componentes PAH por uma população bacteriana única e combinada

Neste estudo, o estado de degradação da montagem foi monitorizado utilizando o método indireto e direto. No método de monitorização indireta, a densidade ótica, o pH e a contagem total de viáveis da montagem foram utilizados como índice de degradação. O resultado desta análise revelou que a densidade ótica, o pH e a contagem total de viáveis do conjunto - ups aumentaram com o tempo. O aumento da densidade ótica e da contagem total viável do conjunto é atribuído à capacidade dos organismos de teste para aumentar a biomassa enquanto utilizam o poluente como única fonte de carbono. Do mesmo modo, o pH do conjunto de degradação aumentou em direção à acidez. Este aumento do pH do conjunto observado neste estudo tende a melhorar o processo de degradação, uma vez que a literatura demonstrou que as bactérias que utilizam petróleo bruto crescem e utilizam melhor os hidrocarbonetos a um pH ligeiramente ácido (Dibble e Bartha, 1979; Joshua e Ijah, 2009).

O método direto para determinar o estado de degradação do petróleo bruto e do seu componente PAH neste estudo foi a determinação do teor total de hidrocarbonetos de petróleo do petróleo bruto antes e depois dos processos de degradação. Isto foi efectuado utilizando a Cromatografia Gasosa acoplada ao Detetor de Ionização de Chama. Os estudos de degradação do petróleo bruto utilizando a monocultura do degradador de óleo *(B. subtilis)* e o consórcio de culturas que inclui o degradador de óleo *(Bacillus subtilis* e o produtor de biossurfactante *(Micrococcus luteus)* revelaram que a degradação do petróleo bruto e dos seus componentes por *B. subtilis* foi melhorada e acelerada quando em cultura mista com *M. luteus*. A degradação do petróleo bruto por *B. subtilis* em monocultura resultou em 19,65% de degradação, reduzindo a

O teor de hidrocarbonetos totais de petróleo (TPH) do petróleo bruto passou de 20,3467 mg/l para 16,3082 mg/l em 21 dias, enquanto o consórcio bacteriano aumentou a degradação em 46,06% no mesmo período, reduzindo o TPH para 10,9755 mg/l.

Embora o *Micrococcus* sp isolado neste estudo tenha utilizado o petróleo bruto de forma fraca, presume-se que o seu forte potencial de produção de biossurfactante melhore a degradação do petróleo bruto pela *B. subtilis*. Isto está de acordo com vários estudos que revelaram que o biossurfactante desempenha um papel crucial no aumento da degradação do petróleo bruto, tanto em ensaios laboratoriais como no terreno (Zhang e Miller, 1995; Obayori *et al.*, 2009; Reddy *et al.*, 2010; Aparna, Srinikethan e Smitha, 2011; Matvyeyeva, Vasylchenko e Aliieva, 2014).

A degradação melhorada do petróleo bruto pela população bacteriana produtora de biossurfactante também teve efeito sobre o teor residual de PAH do petróleo bruto após o curso de degradação de 21 dias. O teor total de PAH do petróleo bruto residual após a degradação apenas com *B. subtilis* foi de 2,4547 mg/l, enquanto o da degradação melhorada com *M. luteus* produtora de biossurfactante foi de 2,1833 mg/l após 21 dias. O conjunto de PAHs mais degradado foi o naftaleno, seguido do antraceno, do benzo(a)pireno, do acenaptileno e do benzo(a)antraceno. Os resultados revelaram um potencial de degradação seletivo superior a 90% do consórcio *B. subtilis* e *M. luteus* contra o naftaleno, antraceno, benzo(a)pireno, acenaptileno, benzo(a)antraceno, fluoreno, acenaptileno, acenapteno, benzo(b)fluoranteno e pireno. Pensa-se que o biossurfactante produzido pelo *M. luteus* facilitou a atividade de degradação da *B. subtilis*, reduzindo a tensão interfacial entre o petróleo bruto hidrofóbico e as células bacterianas através da sua propriedade anfifílica.

CAPÍTULO 5

RESUMO, CONCLUSÕES E RECOMENDAÇÕES

5.1 Resumo

Os resultados obtidos a partir da análise do potencial de produção de biossurfactantes e de degradação de hidrocarbonetos aromáticos policíclicos de bactérias isoladas do ecossistema húmico de água doce do rio Eniong, em Itu, na Nigéria, revelaram

(i) A presença de bactérias heterotróficas elevadas, mas de baixas densidades de bactérias degradadoras de petróleo bruto no ecossistema. Esta é uma indicação de um ecossistema que está pouco carregado de contaminantes de hidrocarbonetos. A elevada atividade heterotrófica pode ser atribuída à presença de elevada substância húmica no ecossistema.

(ii) A análise do potencial de produção de biossurfactante dos isolados revelou 4 espécies bacterianas cultiváveis com a capacidade de elaborar a enzima extracelular, tendo *Micrococcus luteus* o maior potencial de produção de biossurfactante.

(iii) A análise do determinante genético do potencial de produção de biossurfactantes revelou que o organismo tinha um material cromossómico extra (plasmídeo) com 7 kbp e que os organismos perderam o potencial de produção de biossurfactantes quando perderam este plasmídeo.

(iv) A análise dos potenciais de utilização de petróleo bruto e PAH (naftaleno e antraceno) dos isolados também revelou que, embora o ecossistema húmico esteja menos contaminado com hidrocarbonetos, alberga géneros bacterianos autóctones dotados de potenciais de utilização de hidrocarbonetos variáveis. Entre eles, *Bacillus subtilis* apresentou a maior capacidade de utilização de hidrocarbonetos, uma vez que foi capaz de utilizar os três poluentes (petróleo bruto, naftaleno e antraceno) ao máximo.

(v) Os resultados também mostraram que a cultura mista da bactéria *M. luteus*, forte produtora de biossurfactantes, e da bactéria *B. subtilis*, degradadora de petróleo bruto, melhorou notavelmente a degradação do petróleo bruto e do seu componente

63

recalcitrante (hidrocarbonetos aromáticos policíclicos).

(vi) O estudo de degradação revelou que o *M. luteus* produtor de biossurfactante foi capaz de aumentar a degradação do petróleo bruto por *B. subtilis* de 19,85% para 46,15%. Também reduziu o teor total de hidrocarbonetos aromáticos policíclicos em 11%.

(vii) Os resultados também revelaram que foi atingida uma degradação superior a 90% do naftaleno, antraceno, benzo(a)pireno, acenaptileno, benz(a)antraceno, fluoreno, acenapteno, 2-metilnaftaleno, benzo(b)fluoranteno e pireno durante o estudo de degradação melhorada.

5.2 Conclusão e recomendação

Os resultados deste estudo mostraram que o ecossistema húmico de água doce do rio Eniong está dotado de bactérias com forte potencial de produção de biossurfactantes e de degradação de hidrocarbonetos aromáticos policíclicos. A análise do plasmídeo mostrou que a capacidade de produção de biossurfactante de *M. luteus* é determinada pelo seu plasmídeo de 7 kbp, um potencial metabólico que pode ser explorado para a biorremediação melhorada de ambientes contaminados com crude, utilizando bactérias potentes que degradam crude e PAHs, como *B. subtilis. As* potencialidades destas comunidades bacterianas podem ser exploradas para uma utilização mais alargada na remediação de ambientes e terras agrícolas poluídos por petróleo bruto, uma condição inerente e de grande preocupação na região do Delta do Níger, produtora de petróleo, na Nigéria.

REFERÊNCIAS

Abalos, A., Pinazo, A., Infante, M. R., Casals, M., Garcia, F. e Manresa, A. (2001). Propriedades físico-químicas e antimicrobianas de novos ramnolípidos produzidos por *Pseudomonas aeruginosa* AT 10 a partir de resíduos da refinaria de óleo de soja. *Langmuir,* 17: 1367-1371.

Abd-Elsalam, H., Hafez, E. F., Hussain, A., Ali, A. G. e El-hanafy, A. A. (2009). Isolamento e Identificação de Bactérias Degradadoras de Hidrocarbonetos Poliaromáticos de Três Anéis (Antraceno e Fenantreno). *American-Eurasian Journal of Agriculture and Environmental Science, 5:* 31-38.

Abu-Ruwaida, A. S., Banat, I. M., Haditirto, S. e Khamis, A. (1991). Requisitos nutricionais e caraterísticas de crescimento de uma *bactéria Rhodococcus* produtora de biossurfactante. *Revista Mundial de Microbiologia e Biotecnologia,* 7(1): 53-60.

Adam, G. e Duncan, H. (1999). Effect of Diesel Fuel on Growth of Selected Plant Species (Efeito do gasóleo no crescimento de espécies vegetais selecionadas). *Environmental Geochemistry and Health,* 21: 353-357.

Alexander, M. (1977). *Introduction to Soil Microbiology.* New York: John Wiley and Sons, pp. 47-50.

Alexander, M. (1994). *Biodegradation and Bioremediation (Biodegradação e Biorremediação).* San Diego: Academic Press, pp. 1-9.

Alexander, M. (1995). How Toxic are Toxic Chemicals in Soil? *Environmental Science and Technology,* 29: 2713-2717.

Alshawabkeh, A. N. e Sarahney, H. (2005). Efeito da densidade da corrente na transformação melhorada do naftaleno. *Ciência e Tecnologia Ambiental,* 39: 5837-5843.

Anderson, R. T. e Lovley, D. R. (1997). Ecology and Biogeochemistry of *in situ* Groundwater Remediation (Ecologia e Biogeoquímica da Remediação de Águas Subterrâneas *in situ*). *Advanced Microbial Ecology,* 15: 289-350.

Aparna, A., Srinikethan, G. e Smitha, H. (2011). Efeito da Adição de Biosurfactante Produzido por *Pseudomonas* sp na Biodegradação de Crude Oi\.*2nd Conferência Internacional de Ciência e Tecnologia Ambiental, IPCBEE,* 6(6): 71-75.

Aronstein, B., Cavillo, Y. e Alexender, M. (1991). Effect of Surfactants at Low Concentrations on the Desorption and Biodegradation of Sorbed Aromatic Compounds in Soil (Efeito de Surfactantes em Baixas Concentrações na Dessorção e Biodegradação de Compostos Aromáticos Sorvidos no Solo). *Environmental Science and Technology,* 25: 1728-1731.

Atagana, H. I., Haynes, R. J. e Wallis, F. M. (2003). Otimização das Condições Físicas e Químicas do Solo para a Biorremediação do Solo Contaminado com Creosoto. *Biodegradação,* 14: 297-307.

Atlas, L. M e Bartha, R. (1992). Biodegradação de hidrocarbonetos e biorremediação de derrames de petróleo. *Avanços em Ecologia Microbiana,* 12: 287338.

Bach, Q. D., Kim, S. J., Choi, S. C. e Oh, Y. S. (2005). Enhancing the Intrinsic Bioremediation of PAHs Contaminated Anoxic Estuarine Sediments with Biostimulating Agents. *Journal of Microbiology, 43*:319-324.

Bakermans, C., Hohnstock-Ashe, A. M., Padmanabhan, S., Padmanabhan, P. e Madsen, E. L. (2002). Geochemical and Physiological Evidence for Mixed Aerobic and Anaerobic Field Biodegradation of Coal Tar Waste by Subsurface Microbial Communities. *Microbial Ecology,* 44:107-117.

Bamforth, S. M. e Singleton, I. (2005). Bioremediação de Hidrocarbonetos Aromáticos Policíclicos: Current Knowledge and Future Diretions. *Journal of Chemical Technology and Biotechnology,* 80: 723-736.

Banat, I. M., Makkar, R. S. e Cameotra, S. S. (2000). Potenciais Aplicações Comerciais de Surfactantes Microbianos. *Applied Environmental Microbiology, 53*:495-508.

Barathi, S. e Vasudevan, N. (2001). Utilização de Hidrocarbonetos de *Petróleo* por *Pseudomonas fluorescens* Isoladas de Solo Contaminado com Petróleo. *Environment International,* 26(5):413-6.

Bedessem, M. E., Swoboda-Colberg, N. G. e Colberg, P. J. S. (1997). Mineralização de naftaleno acoplada à redução de sulfato em enriquecimentos derivados de aquíferos. *FEMS Microbiology Letter,* 152:213-218.

Bertilsson, S. and Widerfalk, A. (2002).Photochemical Degradation of PAHs in Freshwaters and their Impact on Bacterial GrowthInfluence of Water Chemistry. *Hydrobiologia,* 469:23-32.

Besson, F e Michel, G. (1992). Biossíntese de Iturina e Surfactina por *Bacillus subtilis*: Evidence for Amino Acid Activating Enzymes. *Biotechnology Letters,* 14:1013-1018.

Bewley, R. J. F. e Webb, G. (2001). Biorremediação *in situ* de águas subterrâneas contaminadas com fenóis, BTEX e PAH utilizando nitrato como aceitador de electrões. *Land Contamination and Reclamation,* 9:335 - 347.

Bezalel, L., Hadar, Y e Cerniglia, C. E. (1997). Enzymatic Mechanisms Involved in Phenanthrene Degradation by the White Rot Fungus *Pleurotus ostreatus* (Mecanismos enzimáticos envolvidos na degradação do fenantreno pelo fungo da podridão branca *Pleurotus ostreatus*). *Applied Environmental Microbiology,* 63:2495-2501.

Blumer, M. (1976). Compostos Aromáticos Policíclicos na Natureza. *Scientific American,* 3:35-45.

Bodour, A. e Miller-Maie, R. M. (2002). *Biosurfactantes: Tipos, métodos de rastreio e aplicações: Encyclopedia of Environmental Microbiology.* Nova Iorque: Wiley. pp. 750-70.

Breedveld, G. D. e Sparrevik, M. (2000). Nutrient Limited Biodegradation of PAHs in Various Soil Strata at a Creosote Contaminated Site. *Biodegradação* 11:391-399.

Brenner, D. J., Krieg, N. R., Staley, J. T. e Garrity, G. M. (1982). *Bergey's Manual ofSystematic Bacteriology.* 2ª Edição, Parte B. Nova Iorque: Springer, p. 1923.

Burkowska, A. e Donderski, W. (2007). Impacto das Substâncias Húmicas no Bacterioplâncton de um Lago Eutrófico. *Jornal Polaco de Ecologia, 55* (1): 155-160.

Calvo, C., Manzanera, M., Silva-Castro, G. A., Uad, I. e Gonzalez-López, J. (2009). Aplicação de bioemulsificantes em processos de biorremediação de óleos do solo: Perspectivas futuras. *Ciência do Ambiente Total,* 407: 3634-3640.

CCREM. (1987). *Canadian Water Quality Guidelines.* Preparado pela Task Force on Water Quality Guidelines do Conselho Canadiano dos Ministros dos Recursos e do Ambiente (CCREM).

Cerniglia C. (1997). Metabolismo Fúngico de Hidrocarbonetos Aromáticos Policíclicos: Aplicações passadas, presentes e futuras na bioremediação. *Journal of Industrial Microbiology and Biotechnology,* 19:324-333.

Cerniglia, C. E. e Heitkamp, M. A. (1989). *Microbial Degradation of Polycyclic Aromatic Hydrocarbon (PAH) in the Aquatic Environment (Degradação Microbiana de Hidrocarbonetos Aromáticos Policíclicos (PAH) no Ambiente Aquático).* (2ª Ed). Boca Raton, EUA: CRC Press, pp. 4168.

Cerniglia, C. E. (1984). Microbial Degradation of Polycyclic Aromatic Hydrocarbons [Degradação microbiana de hidrocarbonetos aromáticos policíclicos]. *Microbiologia Avançada e Aplicada, 30*:31-71.

Cheema, S. A., Khan, M. I., Shen, C., Tang, X., Farooq, M., Chen, L., Zhang, C., Ali, S., Malik, Z., Chen, Y. (2009). Degradação de fenantreno e pireno em solos contaminados por meio do cultivo de plantas individuais e combinadas. *Journal of Hazardous Materials, 76*:207-211.

Cheesbrough, M. (2006). *District Laboratory Practices in Tropical Countries* (2ª Ed). Cambridge, Reino Unido: Cambridge University Press, pp. 13-23.

Chen, M. e Wang, W. (2008). Aceleração da absorção pelo fitoplâncton de ferro ligado a ácidos húmicos. *Biologia Aquática,* 3: 155-166.

Chen, Y. C., Banks, M. K. e Schwab, A. P. (2003). Pyrene Degradation in the Rhizosphere of Tall Fescue *(Festuca arundinacea)* and Switchgrass *(Panicum Virgatum). Environmental Science and Technology, 37:5778-5782.*

Clements, W., Oris, J. e Wissing, T. (1994). Accumulation and Food Chain Transfer of Fluoranthene and Benzo[*a*]pyrene in *Chironomusriparius* and *Leopomis macrochirus. Archives of Environmental Contamination and Toxicology,* 26:261-266.

Coates, J. D., Anderson, R. T. e Lovley, D. R. (1996). Oxidação de hidrocarbonetos aromáticos policíclicos em condições de redução de sulfato. *Applied Environmental Microbiology,* 62:10991101.

Coates, J. D., Woodward, J., Allen, J., Philp, P. e Lovley, D. R. (1997). Anaerobic Degradation of Polycyclic Aromatic Hydrocarbons and Alkanes in Petroleum-Contaminated Marine Harbor Sediments (Degradação anaeróbia de hidrocarbonetos aromáticos policíclicos e alcanos em sedimentos de portos marinhos contaminados com petróleo). *Applied Environmental Microbiology, 63:3589-3593.*

Cooper, D. G. e Goldenberg, B. G. (1987). Agentes activos de superfície de duas espécies de *Bacillus*. *Applied Environmental Microbiology, 53(2):224-229.*

Das, P., Mukherjee, S. e Sen, R. (2008). Biodisponibilidade melhorada e biodegradação de um modelo de hidrocarboneto poliaromático por uma bactéria produtora de biossurfactante de origem marinha. *Chemosphere, 72*:1229-1234.

Desai, J. D. e Banat, I. M. (1997). Produção microbiana de surfactantes e seu potencial comercial. *Microbiology and Molecular Biology Reviews, 61:* 47-64.

Dibble, J. T. e Bartha, R. (1979). Effects of Environmental Parameters on Biodegradation of Oil Sludge. *Microbiologia Ambiental Aplicada,* 37:729 - 739

Essien, J. P., Ebong, G. A., Asuquo, J. E. e Olajire, A. A. (2012). Contaminação de hidrocarbonetos e degradação microbiana em sedimentos de mangue da região do Delta do Níger (Nigéria). *Química e Ecologia,* 28(5):421 - 434.

Fawell, J. K. e Hunt, S. (1988). *Toxicologia Ambiental: Organic Pollutants.* Chichester: Ellis Horwood Ltd, p. 440.

Fetzer, J. C. (2000). *The Chemistry and Analysis of the Large Polycyclic Aromatic Hydrocarbons [A química e análise dos grandes hidrocarbonetos aromáticos policíclicos].* Nova Iorque: Wiley, p. 143.

Fewson, C. A. (1988). Biodegradação de compostos xenobióticos e outros compostos persistentes: The Causes of Recalcitrance. *Tendências da Biotecnologia,* 6:148-153

Fiechter, A. (1992). Biosurfactants Moving Towards Industrial Applications. *Tendências da Biotecnologia,* 10:208-217.

Fox, S. L. e Bala, G. A. (2000). Produção de surfactante a partir de *Bacillus subtilis* ATCC 21332 utilizando substratos de batata. *Bioresource Technology,* 75: 235-240.

Franzetti, A., Gandolfi, I., Bestetti, G., Smyth, T. J. e Banat, I. M. (2010). Produção e aplicações de biossurfactantes lipídicos de trealose. *Jornal Europeu de Ciência e Tecnologia dos Lípidos,* 112:617-627.

Freeman, D. J. e Cattell, F. C. R. (1990). Wood burning as a Source of Atmospheric Polycyclic Aromatic Hydrocarbons. *Environmental Science and Technology,* 24:1581-1585.

Genthner, B. R. S., Townsend, G. T., Lantz, S. E e Mueller, J. G. (1997). Persistência de componentes de hidrocarbonetos aromáticos policíclicos do creosote em condições de enriquecimento anaeróbio. *Archives of Environmental Contamination and Toxicology,* 32:99-105.

Gordon, A. e Cain, M. (2003). A Titania Thin Film Annular Photocatalytic Reator for the Degradation of Polycyclic Aromatic Hydrocarbons in Dilute Water Streams (Reator fotocatalítico anular de película fina de titânio para a degradação de hidrocarbonetos aromáticos policíclicos em correntes de água diluída). *Journal of Hazardous Materials,* 99:203-219.

Guerra-Santos, L., Kappeli, O. e Fiechter, A. (1986). Dependência da Produção de Biossurfactante em Cultura Contínua de *Pesudomonas aeruginosa* de Factores

Nutricionais e Ambientais. *Applied Microbiology and Biotechnology, 24*:443-448.

Hammel, K. E., Gai, W. Z., Green, B. e Moen, M. A. (1992). Oxidative Degradation of Phenanthrene by the Ligninolytic Fungus *Phanerochaete chrysosporium*. *Applied Environmental Microbiology, 53*:1832-1838.

Harrigan, W. F. e McCance, M. E. (1990/ *Laboratory Methods in Foods and Diary Microbiology.* Londres, Reino Unido: Academic Press, pp. 210.

Hartung, H. A. (1992). Estimulação da digestão anaeróbia com substância húmica de turfa. *Science of the Total Environment,* 113 (1- 2):17-33.

Haszcza, E. e Burczyk, B. (2006). Surfactin Isoforms from *Bacillus coagulans*. *ZeitschriftNaturforschung, 61:* 727-733.

Hatzinger, P. B. e Alexander, M. (1995). Effect of Aging on Chemicals in Soil on their Biodegradability and Extractability. *Environmental Science and Technology, 29*:537-545.

Ilori, M. O., Amobi, C. J. e Odocha, A. C. (2005). Factores que afectam a produção de biossurfactantes por *Aeromonas sp.* degradadoras de óleo isoladas de um ambiente tropical. *Chemosphere, 61:*985992.

Jacobs, L. E., Weavers, L. K. e Chin, Y. P. (2008). Fotólise direta e indireta de hidrocarbonetos aromáticos policíclicos em águas superficiais ricas em nitratos. *Toxicologia e Química Ambiental,* 27:1643-1651.

Jain, D. K., Collins-Thompson, D. L., Lee, H. e Trevors, J. T. (1991). A Drop Collapsing Test for Screening Surfactant - Producing Microorganisms. *Journal of Microbiological Methods,* 13:271 - 279.

Jerina, D. M. (1983). Metabolismo de Hidrocarbonetos Aromáticos pelo Sistema do Citocromo P450 e Epóxido Hidrolase. *Drug Metabolism and Disposition,* 11:1-4.

Joshi, S., Bharucha, C. e Desia, A. J. (2008). Produção de Biosurfactante e Composto Antifúngico por *Bacillus subtilus* 20B. *Bioresource Technology,* 99:4603-4608.

Joshua, U. e Ijah, J. (2009). Biodegradação de Petróleo Bruto em Solo Emendado com Mellon Shell. *Jornal de Tecnologia da Universidade de Assunção,* 13(1):34 - 38.

Juhasz, A. L. e Naidu, R. (2000). Bioremediação de Hidrocarbonetos Aromáticos Policíclicos de Elevado Peso Molecular: A Review of the Microbial Degradation of Benzo[*A*]Pyrene. *International Biodeterioration and Biodegradation,* 45:57-88.

Kanaly, R. e Harayama, S. (2000). Biodegradação de Hidrocarbonetos Aromáticos Policíclicos de Elevado Peso Molecular por Bactérias. *Journal of Bacteriology,* 182:2059-2067.

Kastner, M., Breuer-Jammali, M. e Mahro, B. (1998). Impacto dos protocolos de inoculação, salinidade e pH na degradação de hidrocarbonetos aromáticos policíclicos (PAH) e sobrevivência de bactérias degradadoras de PAH introduzidas no solo. *Applied Environmental Microbiology,* 64:359-362.

Kirk, T. K. e Farrell, R. L. (1987). Enzymatic 'Combustion': The Microbial

Degradation of Lignin. *Revisão Anual de Microbiologia, 41:465-505.*

Kitamoto, D., Ikegami, T e Suzuki, G. T. (2001). Microbial Conversion of n-Alkanes into Glycolipid Biosurfactants, Mannosylerythritol Lipids by *Pseudozyma* (*Candida antarctica*). *Biotechnology Letters, 23:* 1709-14.

Kosaric, N. (1992). Biosurfactants in Industry. *Química Pura e Aplicada, 64:* 1731-1737.

Kosaric, N. (2001). Biosurfactants and their Application for Soil Bioremediation (Biosurfactantes e sua aplicação na biorremediação do solo). *Tecnologia Alimentar e Biotecnologia,* 39: 295304.

Kraft, R., Tardiff, J., Krauter K. S. e Leinwand, L. A. (1988). Utilização de ADN de Plasmídeo Mini-prep para Sequenciação de Modelos de Cadeia Dupla com Sequências. *BioTechnique,* 6:544.

Laha, S. e Luthy, R. (1991). Inibição da mineralização do fenantreno por surfactantes não iónicos em sistemas de água do solo. *Environmental Science and Technology,* 25:1920-1930.

Laha, S. e Luthy, R. (1992). Efeitos de surfactantes não iónicos na solubilização e mineralização de fenantreno em sistemas de água no solo. *Biotechnology and Bioengineering,* 40:1367-1380.

Lang, S. e Wullbrandt, D. (1999). Rhamnose Lipids - Biosíntese, Produção Microbiana e Potencial de Aplicação. *Applied Microbiology and Biotechnology,* 51:22-32.

Lau, K. L., Tsang, Y. Y. e Chiu, S. W. (2003). Utilização de composto de cogumelo gasto para a biorremediação de amostras contaminadas com PAH. *Chemosphere,* 52:1539-1546.

Lim, L. H., Harrison, R. M. e Harrad, S. (1999). The Contribution of Traffic to Atmospheric Concentrations of Polycyclic Aromatic Hydrocarbons (A contribuição do tráfego para as concentrações atmosféricas de hidrocarbonetos aromáticos policíclicos). *Environmental Science and Technology,* 33:3538-3542.

Lotfabad. T. B., Shourian, M., Roostaazad, R., Najafabadi, A. R., Adelzadeh, M. R. e Noghabi, K. A. (2009). Uma bactéria produtora de biossurfactante eficiente, *Pseudomonas aeruginosa* MR01, isolada de áreas de escavação de petróleo no sul do Irão. *Colloids and Surface B: Biointerfaces,* 69:183-193.

Lundstedt, S., Haglund, P. e O' berg, L. (2003). Degradação e Formação de Compostos Aromáticos Policíclicos durante o Tratamento com Bioslurry de um Solo de Fábrica de Gás Ácido Envelhecido. *Environmental Toxicology and Chemistry,* 22:1413-1420.

Makkar, R. e Cameotra, S. (1997). Utilização de melaço para a produção de biossurfactante por duas estirpes *de Bacillus* em condições termofílicas. *Journal of American Oil Chemists Society,* 74:887-889.

Makkar, R. S. e Rockne, K. J. (2003). Comparação de surfactantes sintéticos e biossurfactantes no aumento da biodegradação de hidrocarbonetos aromáticos policíclicos. *Environmental Toxicology and Chemistry,* 22(10):2280-92.

Manariotis, I. D., Karapanagioti, K. H. e Chrysikopoulo, C. Y. (2011). Degradação de PAHs por ultrassom de alta frequência. *Investigação sobre a Água, 45*:2587-2594.

Maniatis, T., Fritsch E. T. e Sambrook, J. (1982). *Molecular Cloning: A Laboratory Manual.* Coid Spring Harbor Laboratory, Cold Spring Harbor, NY.

Margesin, R. e Schinner, F. (2001). Biodegradação e Biorremediação de Hidrocarbonetos em Ambientes Extremos. *Applied Microbiology and Biotechnology,* 56:650-663.

Matvyeyeva, O. L., Vasylchenko, O. A. e Aliieva, O. R. (2014). Papel dos biossurfactantes microbianos na biodegradação de produtos petrolíferos. *Jornal Internacional de Biorremediação Ambiental & Biodegradação,* 2(2): 69-74.

McNeill, G. P. e Yamane, T. (1991). Further Improvements in the Yield of Monoglycerides during Enzymatic Glycerolysis of Fats and Oils (Melhorias adicionais no rendimento de monoglicéridos durante a glicerólise enzimática de gorduras e óleos). *Journal of the American Oil Chemist Society. 68:* 6-10.

McNeill, H., Ozawa, M., Kemler, R. e Nelson, W. J. (1990), Novel Function of the Cell Adhesion Molecule Uvomorulin as an Inducer of Cell Surface Polarity. *Cell, 62(2)*:309-16.

Meador, J. P., Stein, J. E., Reichert, U. e Varanasi, U. (1995). Bioaccumulation of Polycyclic Aromatic Hydrocarbons by Marine Organisms (Bioacumulação de hidrocarbonetos aromáticos policíclicos por organismos marinhos). *Review of Environmental Contamination and Toxicology,* 143:79 - 92.

Meckenstock, R. U., Annweiler, E., Michaelis, W., Richnow, H. H. e Schink, B. (2000). Anaerobic Naphthalene Degradation by a Sulphate Reducing Enrichment Culture (Degradação anaeróbia do naftaleno por uma cultura de enriquecimento redutora de sulfato). *Applied Environmental Microbiology,* 66:2743-2747.

Mehrotra, S., Sandhir, R. e Chandra, D. (2005). Degradação de Xenobióticos e Biorremediação. In: Singh, D. P. e Dwived, S. K. (ed.), *Microbiology and Biotechnology.* Nova Deli: New Age International, p. 68.

Mester, T. e Tien, M. (2000). Oxidation Mechanism of Ligninolytic Enzymes Involved in the Degradation of Environmental Pollutants (Mecanismo de Oxidação de Enzimas Ligninolíticas Envolvidas na Degradação de Poluentes Ambientais). *International Biodeterioration and Biodegradation,* 46:51-59.

Moody, J., Freeman, J., Doerge, D. e Cerniglia, C. (2001). Degradação de Fenantreno e Antraceno por Suspensões de Células de *Mycobacterium* sp. Estirpe PYR-1. *Applied Environmental Microbiology,* 67:1476-1483.

Morikawa, M., Daido, H., Muruta, S., Shimonishi, Y e Imanaka, T. (1993). A New Lipopeptide Biosurfactant Produced by *Arthrobacter* sp. Strain MIS38. *Journal of Bacteriology,* 175:6459 - 6466.

Mueller, J. G., Cerniglia, C. E. e Pritchard, P. H. (1996). Bioremediation of Environments Contaminated by Polycyclic Aromatic Hydrocarbons, In: Crawford, R.

L e Crawford, D. L. (ed.), *Bioremediation: Principles and Applications.* Idaho: Cambridge University Press, pp. 125-194.

Mulligan, C., Yong, R. e Gibbs, B. (2001). Remediação de solos contaminados com surfactantes: uma revisão. *Geologia de Engenharia,* 60:371-380.

Neff, J. M. (1979*). Hidrocarbonetos Aromáticos Policíclicos em Meio Aquático: Source, Fate and Biological Effects.* Essex, Inglaterra: Applied Science Publishers, pp. 262-65.

Nguyen, T. T., Youssef, N. H., McInerney, M. J. e Sabatini, D. A. (2008). Misturas de biossurfactantes ramnolipídicos para remediação ambiental. *Recursos Hídricos, 42:* 1735-1743.

Nielsen, T. H., Christophersen, C., Anthoni, U. e Sorensen, J. (1999). Viscosinamida, um novo depsipeptídeo cíclico com propriedades surfactantes e antifúngicas produzido por *Pseudomonas fluorescens* DR54. *Journal of Applied Microbiology, 87:* 80-90.

NRCC. (1983). Hidrocarbonetos Aromáticos Policíclicos no Ambiente Aquático: Formation, Source, Fate and Effects on Aquatic Biota. Conselho Nacional de Investigação do Canadá 18981 1-209.

Nwaogu, L. A., Onyeze G. O. e Nwabueze, R. (2008). Degradação de óleo diesel num solo poluído utilizando *Bacillus subtilus* II. *Jornal Africano de Biotecnologia,* 7(12): 1939 - 1943.

Obayori, O. S., Ilori, M. O., Adebusoye, S. A. Oyetibo, G. O., Omotayo, A. E e Amund, O. O. (2009). Degradação de Hidrocarbonetos e Produção de Biossurfactantes por *Pseudomonas* sp. Estirpe LP1. *Jornal Mundial de Microbiologia e Biotecnologia,* 25:1615 - 1623.

Ohkouchi, N., Kawamura, K. e Kawahata, H. (1999). Distribuições de hidrocarbonetos aromáticos polinucleares de três a sete anéis no fundo do mar no Pacífico Central. *Ciência e Tecnologia Ambiental,* 33:3086-3090.

Onwurah, I. N. E., Ogugua, V. N., Onyike, N. B, Ochongor, A. E. e Otitoju, O. F. (2007). Derrame de petróleo bruto no ambiente, efeitos e algumas biotecnologias inovadoras de limpeza. *Jornal Internacional de Investigação Ambiental,* 1(4):307-320.

Pacwa-Plociniczak, M., Plaza, G. A., Piotrowska-Seget, Z. e Cameotra, S. S. (2011). Aplicações ambientais de biossurfactantes: Recent Advances. *Revista Internacional de Ciências Moleculares,* 12:633-654.

Panda, S. K., Kar, R. N. e Panda, C. R. (2013). Isolamento e Identificação de Microorganismos Degradadores de Hidrocarbonetos de Petróleo de Ambiente Contaminado por Petróleo. *Revista Internacional de Ciência Ambiental,* 3(5):1314-1319.

Plaza, G. A., Zjawiony, I. e Banat, I. M. (2006). Utilização de Métodos Diferentes para a Deteção de Bactérias Termófilas Produtoras de Biossurfactantes em Solos Contaminados por Hidrocarbonetos e Remediados. *Journals of Petroleum Science and Engineering,* 50: 7177.

Pothuluri, J. V., Heflich, R. H., Fu, P. P. e Cerniglia, C. E. (1992). Fungal Metabolism and Detoxification of Fluoranthene (Metabolismo fúngico e desintoxicação do fluoranteno). *Applied Environmental Microbiology,* 58:937-941.

Pouneva, I. (2005). Efeito de Substâncias Húmicas no Crescimento de Culturas de Microalgas. *Jornal Russo de Fisiologia Vegetal,* 52 (3):410-413.

Psillakis, E., Goula, G., Kalogerakis, N. e Mantzavinos, D. (2004). Degradação de Hidrocarbonetos Aromáticos Policíclicos em Soluções Aquosas por Irradiação Ultrassónica. *Journal of Hazardous Materials,* 108:95-102.

Punapayak, H., Prasongsuk, S., Messner, K., Danmek, K. e Lotrakul, P. (2009). Degradação de Hidrocarbonetos Aromáticos Policíclicos (PAHs) por Laccase de um Fungo Tropical da Podridão Branca *(Ganoderma lucidum). Jornal Africano de Biotecnologia,* 8:5897-5900.

Rahman, K. S. M., Rahman, T. J., Kourkoutas, Y., Petsas, I., Marchant, R . e Banat, I. M. (2003). Enhanced Bioremediation of *n-alkane* Petroleum Sludge using Bacterial Consortium Amended with Rhamnolipid and Micronutrients. *Bioresource Technology,* 90:159-168.

Reddy, M. S., Naresh, B., Leela, T., Prashanthi, M., Madhusudhan, N. C., Dhanasri, G. e Devi P. (2010). Biodegradação de fenantreno com produção de biossurfactante por uma nova estirpe de *Brevibacillus* sp. *Bioresource Technology,* 101:7980 - 7983.

Robert, M., Mercade, M. E., Bosch, M. P., Parra, J. L., Espuny, M. J., Manresa, M. A. e Guinea, J. (1989). Efeito da fonte de carbono na produção de biossurfactante por *Pseudomonas aeruginosa* 44T. *Biotechnology Letter, 11:*871-874.

Rockne, K. e Strand, S. (2001). Anaerobic Biodegradation of Naphthalene, Phenanthrene, and Biphenyl by a Denitrifying Enrichment Culture. *Water Resources* 35:291-299.

Rockne, K. J., Chee-Sanford, J. C., Sanford, R. A., Hedlund, B. P., Staley, J. T. e Strand, S. E. (2000). Anaerobic Naphthalene Degradation by Microbial Pure Cultures under Nitrate-Reducing Conditions. *Applied Environmental Microbiology,* 66:15951601.

Rockne, K. J., Shor, L. M., Young, L. Y., Taghon, G. L. e Kosson, D. S . (2002). Sequestration and Release of PAHs in Weathered Sediment: O papel da estrutura do sedimento e das propriedades do carbono orgânico. *Environmental Science and Technology, 36:*2636-2644.

Rockne, K., Stensel, H. D., Herwig, R. e Strand, S. (1998). PAH Degradation and Bioaugmentation by a Marine Methanotroph. *Bioremediation Journal, 1:*209-222.

Rosenberg, E. e Ron, E. Z. (1999). Surfactante microbiano de alta e baixa massa molecular. *Applied Microbiology and Biotechnology,* 52:154 - 162.

Roy, G. M. (1995). Activated Carbon Application in the Food and Pharmaceutical Industries (Aplicação de carvão ativado nas indústrias alimentar e farmacêutica). Boca Raton: CRC Press, pp. 125.

Saadoun, I., Mohammad, M. J., Hameed, K. M. e Shawaqfah, M. (2008). População microbiana de solos poluídos por derramamento de petróleo bruto no deserto da Jordânia - Iraque (região de Badia). *Revista Brasileira de Microbiologia*, 39(3):453 - 456

Sadler, R. e Connell, D. (2003). *Analytical Methods for the Determination of Total Petroleum Hydrocarbons in Soil (Métodos analíticos para a determinação do total de hidrocarbonetos de petróleo no solo)*. Actas do Quinto Workshop Nacional sobre a Avaliação da Contaminação de Sítios. Conselho de Proteção Ambiental e do Património (EPHC), pp. 5-10.

Scheibenbogen, K., Zytner, R., Lee, H. e Trevors, J. (1994). Enhanced Removal of Selected Hydrocarbon from Soil by *Pseudomonas aeruginosa* UG2 Biosurfactant and Some Chemical Surfactants. *Journal of Chemical Technology and Biotechnology*, 59:53-59.

Sekhon, K. K., Khanna, S. e Cameotra, S. S. (2012). Produção de biossurfactante e correlação potencial com a atividade da esterase. *Journal of Petroleum and Environmental Biotechnology*, 3:133 - 142.

Semple, K. T., Morriss, W. J. e Paton, G. I. (2003). Biodisponibilidade de contaminantes orgânicos hidrofóbicos nos solos: Conceitos fundamentais e técnicas de análise. *Jornal Europeu de Ciência do Solo*, 54:809-818.

Shepherd, R., Rockey, J., Shutherland, I. W. e Roller, S. (1995). Novel Bioemulsifiers from Microorganisms for use in Foods. *Journal of Biotechnology*, 40(3): 207-217.

Singh, V. (2012). Biosurfactante - Isolamento, Produção, Purificação e Significado. *Revista Internacional de Publicações Científicas e de Investigação*, 2(7):1-4.

Siron, R., Pelletier, E. e Brochu, H. (1995). Factores Ambientais que Influenciam a Biodegradação de Hidrocarbonetos de Petróleo em Água do Mar Fria. *Archives of Environmental Contamination and Toxicology*, 28:406-416.

Soberón-Chávez, G. e Maier, R. M. (2011). *Biosurfactants: A General Overview*. Em: *Soberón-Chávez, G.* (ed.), *Biosurfactants*. Berlim, Alemanha: Springer-Verlag, pp. 1-11.

Stapleton, R. D., Savage, D. C., Sayler, G. S. e Stacey, G. (1998). Biodegradação de Hidrocarbonetos Aromáticos num Ambiente Extremamente Ácido. *Microbiologia Ambiental Aplicada*, 64:4180-4184

Sutherland, J., Rafic, F., Khan, A. e Cerniglia, C. (1995). Mechanism of Polycyclic Aromatic Hydrocarbon Degradation (Mecanismo de Degradação de Hidrocarbonetos Aromáticos Policíclicos). In: Young L, Cerniglia C. (Eds.), *Microbial Transformation and Degradation of Toxic Organic Chemicals*. New York: Wiley, pp. 269-300.

Sutthivcanitchakul, B., Thaniyavorn, J. e Thaniyavarn, S. (1999). Produção de biossurfactante por *Baccillus lichenisformis* F2.2. *Thailand Journal of Biotechnology*, 1:46-53.

Tam, N. F. Y., Guo, C. L., Yau, W. Y. e Wong, Y. S. (2002). Preliminary Study on

Biodegradation of Phenanthrene by Bacteria Isolated from Mangrove Sediments in Hong Kong (Estudo preliminar sobre a biodegradação do fenantreno por bactérias isoladas de sedimentos de mangue em Hong Kong). *Marine Pollution Bulletin, 45*:316-324.

Twiss, M., Granier, L., Lafrance, P. e Campbell, P. (1999). Bioacumulação de 2, 29, 5, 59 -tetraclorobifenilo e pireno por Picoplâncton (*Synechococcus leopoliensis, Cyanophyceae*): Influência de concentrações variáveis de ácido húmico e pH. *Environmental Toxicology and Chemistry,* 18:2063-2069.

Urum, K., Grigson, S., Pekdemir, T. e Mcmenamy, S. (2000). A Comparison of the Efficiency of Different Surfactants for Removal of Crude Oil from Contaminated Soils (Comparação da Eficiência de Diferentes Surfactantes na Remoção de Petróleo Bruto de Solos Contaminados). *Chemosphere,* 62(9):1403 - 1410.

Van der Meer, J., de Vos, W., Harayama, S. e Zehnder, A. (1992). Molecular Mechanisms of Genetic Adaptation to Xenobiotic Compounds (Mecanismos moleculares de adaptação genética a compostos xenobióticos). *Microbiological Reviews,* 56:677-694.

Van Dyke, M. I., Lee, H e Trevors, J. T. (1991). Applications of Microbial Surfactants. *Biotechnology Advances, 9*:241-252.

Vollbrecth, E., Rau, U. e Lang, S. (1999). Microbial Conversion of Vegetable Oils into Surface Active Di-, Tri- and Tetrasaccharide Lipids (Biosurfactant) by the Bacterial strain *Tsukamurella sp. Fett/Lipids,* 101:389-394.

Vollenbroich, D., G. Pauli, M. Ozel, e J. Vater.(1997). Propriedades antimicoplasmáticas e aplicação em cultura celular de surfactina, um antibiótico lipopeptídeo de *Bacillus subtilis. Applied Environmental Microbiology,* 63:44-49.

Wang, X. K., Chen, G. H. e Yao, Z. Y. (2003). Degradação sonoquímica de bifenilos policlorados em solução aquosa. *Chinese Chemical Letters,* 14:205-208.

Weis, L. M., Rummel, A. M., Masten, S. J., Trosko, J. E. e Upham, B. L. (1998). Bay or Baylike Regions of Polycyclic Aromatic Hydrocarbon were Potent Inhibitors of Gap Junctional Intracellular Communication. *Environmental Health Perspectives,* 106(1):17 - 22.

Whang, L. M., Liu, P. W. G., Ma, C. C. e Cheng, S. S. (2008). Aplicação de biossurfactante, ramnolipídio e surfactina para melhorar a biodegradação de água e solo contaminados com diesel. *Journal of Hazard Materials, 151*:155-163.

Trigo, P. H. e Tumeo, M. A. (1997). Micro-extração em fase sólida para monitorizar a degradação sonoquímica de hidrocarbonetos aromáticos policíclicos em água. *Ultrasonics Sonochemistry,* 4:55-59.

Wild, S. R., McGrath, S. P. e Jones, K. C. (1990). The Polynuclear Aromatic Hydrocarbon (PAH) Content of Archived Sewage Sludge (O teor de hidrocarbonetos aromáticos polinucleares (PAH) das lamas de depuração arquivadas). *Chemosphere* 20:703-716.

Wong, J. W. C., Lai, K. M., Wan, C. K., Ma, K. K. e Fang, M. (2002). Isolamento e otimização de bactérias degradadoras de PAH de solos contaminados para bioremediação de PAH. *Water, Air and Soil Pollution,* 139:1-13.

Wu, J., Ding, H., Song, B., Hayashi, Y., Talukder, M. M. R e Wang, S. (2003). Reações hidrolíticas catalisadas por lipase *de Candida rugosa* revestida com surfactante em um sistema orgânico-aquoso de duas fases. *Process Biochemistry,* 39:233-8.

Yakimov, M. M., Amor, M. M., Bock, M., Bodekaer, K., Fredrickson, H. L. e Timmis, K. N. (1997). The potential of *Bacillus licheniformis* for in situ Enhanced Oil Recovery. *Journal of Petroleum Science and Engineering,* 18:147-60.

Youssef, N., Duncan, K. E. e Savage, K. N. (2004). Comparação de métodos para detetar a produção de biossurfactantes por diversos microrganismos. *Journal Microbiology Methods,* 56: 339-347.

Zhang, Y. e Miller, R. M. (1995). Effect of Rhamnolipid (Biosurfactant) Structure on Solubilization and Biodegradation of n-Alkanes. *Applied Environmental Microbiology,* 61:2247 - 2251.

Zitrides, T. G. (1978). Mutant Bacteria Overcome Growth Inhibition in Industrial Waste Facility (Bactérias Mutantes Superam a Inibição do Crescimento em Instalações de Resíduos Industriais). *Industrial Waste,* 24:42-44.

Zuberer, D. (1994). Recovery and Enumeration of Viable Bacteria (Recuperação e contagem de bactérias viáveis). *Journal of Microbiology Research,* 8:119-144

APÊNDICE I

Composição do meio/lama

Meio de sal mineral
Composição por litro

K_2HPO_4	6.0g
NaCl	12.0g
KH_2PO_4	6.0g
$(NH_4)_2SO_4$	6.0g
$MgSO_4 \cdot 7H_2O$	2.6g
$CaCl_2 \cdot 2H_2O$	0.16g

pH 7.0 ± 0.2 at 25°C

Ágar nutriente (Oxoid)

Fórmula	g/L
Pó de Lab-lemo	0.1
Extrato de levedura	0.2
Peptona	0.5
Cloreto de sódio	0.5
Ágar pH 7,4	1.5

Preparação: 2.8 foi dissolvido em 100 ml de água destilada e esterilizado por autoclavagem a 121^0 C durante 15 minutos.

Água de peptona

Peptona em pó	4g
Água destilada	100ml

Teste de motilidade

Triptose	1g
Cloreto de sódio	1g
Ágar	5g
Destilado	100ml

Ágar citrato de Simmon

Fórmula	g/l
Magnésio	0.2
Di-hidrogenofosfato de amónio	0.2
Citrato trissódico	0.2
Azul de bromotimol	0.08
Cloreto de sódio	0.08
Ágar	14.0

Ágar urease de Christensens

Fórmula	g/l
Peptona	1.0
Glicose	1.0
Cloreto de sódio	5.0
Di-hidrogenofosfato de potássio	2.0
Vermelho de fenol	0.012
Ágar	2.0

APÊNDICE II

Pormenores da caraterização morfológica e bioquímica dos isolados

Coloração de Gram

Esta técnica de coloração diferencial foi utilizada para agrupar as bactérias em dois grandes grupos: bactérias Gram positivas e Gram negativas, com base na composição da sua parede celular. Neste processo de coloração, foi preparado um esfregaço fixado pelo calor e seco ao ar. O esfregaço foi inundado com violeta de cristal durante 60 segundos, lavado suavemente com água corrente e corado com soluções de iodo durante 60 segundos. O iodo foi lavado e descolorado inundando rapidamente a lâmina com álcool a 70% e lavando-a imediatamente com água. As lâminas foram contra-coradas com safranina durante 60 segundos, lavadas novamente com água da torneira e secas ao ar. As lâminas foram examinadas ao microscópio com uma lente objetiva de imersão em óleo. As bactérias Gram positivas aparecem a roxo e as Gram negativas a vermelho. A técnica de coloração também revelou as diferentes formas e disposição das células bacterianas.

Coloração de esporos

Preparou-se um esfregaço do organismo a testar, fixado pelo calor, que foi colocado num banho de água a ferver. A lâmina foi inundada com solução de verde de malaquite e deixada a aquecer a vapor antes de ser cronometrada durante um período de 5-6 minutos. A lâmina foi removida e lavada com água durante 30 segundos, seguida de uma contra-coloração com Safranina durante 30 segundos, antes de ser enxaguada com água e deixada secar ao ar, seguida de visualização microscópica.

Teste da catalase

Este teste é normalmente utilizado para distinguir as bactérias que produzem a enzima catalase das bactérias que não produzem catalase. A enzima catalase actua como um catalisador na decomposição do peróxido de hidrogénio em oxigénio e água;

$$2H_2O_2 \longrightarrow 2H_2O + O_2$$

Para o efeito, existem dois métodos: o método do tubo e o método da lâmina. Neste trabalho de investigação, foi utilizado o método da lâmina. Utilizou-se um arame para apanhar o organismo testado e adicioná-lo a algumas gotas de solução de H_2O_2 numa lâmina sem gordura. A libertação de bolhas de oxigénio indica um resultado positivo.

Teste do indole

Este teste foi efectuado para determinar a capacidade do organismo para decompor o aminoácido triptofano para produzir indol que se acumula no meio para dar um anel vermelho com benzaldeído P-dimetilamina. Inoculou-se assepticamente uma alça do organismo testado em caldo de triptona e incubou-se a 37°C durante 48 horas. Após a incubação, adicionou-se 0,5 ml de reagente de Kovac, agitou-se suavemente e deixou-se repousar durante 20 minutos. O aparecimento de um anel vermelho na superfície do caldo indica um resultado positivo, enquanto a coloração amarela indica um resultado negativo.

Teste da urease

Este teste foi realizado para verificar a existência de organismos com a enzima urease, que lhes permite decompor a ureia para produzir amoníaco e dióxido de carbono. Diluiu-se 24,5 g de ágar ureia Christiensen em 1 000 ml de água e autoclavou-se durante 15 minutos a 121°C. Dissolveram-se 10 ml de ureia a 20% no ágar e agitou-se para misturar; em seguida, verteu-se em placas de Petri. O organismo de teste foi então introduzido utilizando uma ansa de inoculação estéril e incubado durante 24 horas a 37°C. O desenvolvimento de coloração cor-de-rosa indicou um teste de urease positivo, enquanto que a ausência de cor-de-rosa indicou um teste de urease negativo.

Teste do citrato

Este teste é utilizado para determinar a capacidade de um organismo utilizar citrato como única fonte de carbono e energia para o seu crescimento. Dissolver 10 g de ágar citrato de Simmon em 100 ml de água e autoclavar a 121 °C durante 15 minutos. Deixou-se arrefecer e verteu-se para tubos de ensaio estéreis e deixou-se assentar em posição inclinada. O organismo testado foi introduzido na lâmina por sementeira e incubado a 37°C durante horas. Uma mudança de cor após a incubação, de verde para azul, indica um teste positivo, enquanto a retenção da cor inicial (verde) ou a ausência de crescimento indica uma reação negativa.

Teste da oxidase

Neste teste, adicionaram-se 2 a 3 gotas de reagente de oxidase recentemente preparado a um papel de filtro e, em seguida, com a ajuda de uma vareta de vidro, os organismos de teste foram colhidos e espalhados no papel de filtro embebido. O aparecimento de uma cor azul-púrpura no espaço de 1 a 5 segundos no esfregaço indica uma reação positiva, ao passo que a sua ausência no espaço de 10 segundos indica uma reação negativa.

Motilidade

Este teste foi utilizado para diferenciar os organismos móveis dos não móveis. Utilizou-se a técnica da gota suspensa; para tal, preparou-se um meio de ágar nutriente semi-sólido num tubo, que foi esterilizado utilizando um autoclave a 121 °C durante 15 minutos. Deixou-se endurecer, utilizou-se uma agulha de inoculação estéril para apanhar o organismo testado e espetar no centro do tubo até cerca de metade da profundidade do meio e incubou-se a 37°C durante 24 horas. O organismo não móvel produziu um crescimento confinado à linha de punção, enquanto as bactérias móveis produziram um crescimento difuso e nebuloso que se espalhou por todo o meio, tornando-o ligeiramente opaco.

Teste do vermelho de metilo

Este teste foi utilizado para identificar bactérias que produzem ácido estável e produtos através de uma fermentação ácida mista de glucose. Foram pesados 2,0 g de glucose e misturados com 3,5 g de peptona e 2,5 g de hidrogenofosfato de dipotássio (K_2HpO_4) em 500 ml de água num erlenmeyer. O meio foi introduzido em tubos de ensaio e esterilizado num autoclave a 121 °C durante 15 minutos. Quando o meio arrefeceu, foi inoculado com o organismo em estudo e incubado durante 48 horas.

Após a incubação, foram introduzidas no tubo de ensaio cerca de 5 gotas de indicador vermelho de metilo recentemente preparado. Após alguns segundos, a formação de cor vermelha indica uma reação positiva, enquanto a coloração amarela clara a laranja indica uma reação negativa.

Teste de Voges-Proskauer

A reação neste teste identifica os organismos capazes de produzir acetona a partir da degradação da glucose durante a fermentação do 2,3-butanodiol. Foram pesados 2 g de glucose e misturados com 3,5 g de peptona e 25 g de K_2HPO_4 em 500 ml de água num frasco cónico. O meio foi distribuído em tubos de ensaio e esterilizado num autoclave a 121 °C durante 15 minutos. Quando o meio arrefeceu, foi inoculado com o organismo em estudo e incubado durante 48 horas. Após a incubação, adicionou-se 1 ml de hidróxido de potássio (KOH) a 40% e 3 ml de uma solução a 5% de alfa-naftol em etanol absoluto e agitou-se em intervalos para assegurar uma reação máxima durante cerca de 3 a 5 minutos. Uma reação positiva foi indicada pelo desenvolvimento de uma cor rosa dentro de 2 a 5 minutos, que se torna carmesim após 30 minutos.

Fermentação do açúcar

Este teste foi efectuado para demonstrar a capacidade do organismo testado para utilizar diferentes açúcares. No entanto, a maioria das bactérias fermenta uma variedade de açúcares para formar um ou mais ácidos e produtos que, em alguns casos, são acompanhados pela evolução de gases, geralmente CO_2 ou H_2. Os açúcares utilizados neste trabalho de investigação foram: glucose, lactose, sacarose, manitol e maltose. A água peptonada foi preparada de acordo com a prescrição do fabricante e a 100ml foi adicionado 1g de açúcares e 0,2% de indicador (vermelho de fenilo). Os tubos de Durham foram invertidos nos tubos e esterilizados a 121° C durante 15 minutos. Os tubos de ensaio foram inoculados com uma cultura de 24 horas e incubados a 37° C durante 24 horas.

APÊNDICE III

Contagem total viável (ufc x 10^3 /ml) dos isolados testados durante o processo de degradação de 21 dias

	Tempo (dias)							
	0	3	6	9	12	15	18	21
Controlo	-	-	-	-	-	-	-	-
Bacillus sp	3.2	5.2	7.6	8.2	8.4	8.2	6.1	4.8
Bacillus sp	6.0	8.4	9.2	9.6	9.4	7.0	5.2	4.6
+								
Micrococcus								

APÊNDICE IV

Alterações no pH do meio de cultura durante o curso de degradação de 21 dias

	Duration (days)							
	0	3	6	9	12	15	18	21
Control	6.6	6.6	6.5	6.5	6.5	6.5	6.5	6.5
Bacillus sp	6.6	6.8	6.8	6.6	6.6	6.6	6.5	6.2
Bacillus sp + *Micrococcus* sp	6.6	7.0	6.7	6.5	6.4	6.4	6.2	5.8

APÊNDICE V

Resumo dos níveis dos componentes TPH remanescentes após 21 dias de biodegradação

S/N	Parameter	Control	Monoculture - *Bacillus* sp; mg/l (Percentage degraded)	Mixed Culture – *Bacillus* sp and *Micrococcus* sp; mg/l (Percentage degraded)
1	$C_8 - C_{14}$	-	-	-
2	C_{15}	-	0.7211	0.1212
3	C_{16}	-	0.2541	-
4	C_{17}	0.8568	0.3564 (58.4)	0.2354 (72.5)
5	C_{18}	0.5688	0.1245 (78.1)	0.0956 (83.2)
6	C_{19}	3.1225	4.0287 (-29.0)	3.5624 (-14.1)
7	C_{20}	1.2562	1.1014 (12.3)	1.0014 (20.3)
8	C_{21}	1.1265	1.1145 (1.1)	0.1257 (88.8)
9	C_{22}	0.0568	0.0247 (56.5)	0.0069 (87.8)
10	C_{23}	1.5638	1.1244 (28.1)	1.0128 (35.2)
11	C_{24}	1.4522	1.2501 (13.9)	1.1201 (22.9)
12	C_{25}	1.9856	0.1425 (92.8)	0.0114 (99.4)
13	C_{26}	0.2587	1.0245 (-296.0)	1.1002 (-325.1)
14	C_{27}	2.0145	1.2047 (40.2)	0.9541 (52.6)
15	C_{28}	1.0258	1.0657 (-3.9)	0.9012 (12.1)
16	C_{29}	1.0699	1.0255 (4.1)	0.5120 (52.1)
17	C_{30}	0.9856	0.8524 (13.5	0.2102 (78.7)

18	C_{31}	0.6225	0.7124 (-14.4)	0.0965 (84.5)
19	C_{32}	0.5210	0 (100)	0 (100)
20	C_{33}	0.4552	0.1258 (72.4)	0.0066 (98.5)
21	C_{34}	0.5114	0.0548 (89.3)	0 (100)
22	C_{35}	0.4120	0 (100)	0 (100)
23	C_{36}	0.3245	0 (100)	0 (100)
24	C_{37}	-	-	-
25	C_{38}	0.1524	0 (100)	0 (100)
26	C_{39} - C_{40}	-	-	-

APÊNDICE VI

Resumo dos níveis de suites de PAH remanescentes após 21 dias de biodegradação

S/N	Parâmetros	Controlo; mg/l	Monocultura - *Bacillus* sp; mg/l (Percentagem de degradação)	Cultura mista - *Bacillus* sp e *Micrococcus* sp; mg/l (Percentagem degradada
1	Naftaleno	1.35	0(100)	0(100)
2	2-metilnaftaleno	0.05	0.0095 (81)	0.0021 (95.8)
3	Acenapteno	0.20	0.0182 (90.9)	0.0082 (95.9)
4	Acenaptileno	1.02	0.1058 (89.6)	0.0058 (99.4)
5	Fluoreno	0.33	0.0098 (97)	0.0098 (97)
6	Fenantreno	0.25	0.0361 (85.6)	0.1025 (59)
7	Antraceno	1.30	0.0000 (100)	0.0022 (99.8)
8	Fluoranteno	1.63	0.9070 (44.4)	0.9241 (43.3)
9	Pireno	1.84	0.1030 (94.4)	0.1210 (93.4)
10	Benz(a)antraceno	0.84	0.0091 (98.9)	0.0085 (99.0)
11	Benzo(b)fluoranteno	1.74	0.5101 (70.7)	0.0985 (94.3)
12	Criseno	2.88	0.0852 (97)	0.665 (76.9)
13	Benzo(k)fluoranteno	1.74	0.0011 (99.9)	0.2182 (87.5)
14	Benzo(a)pireno	0.89	0.0106 (98.8)	0.0016 (99.8)
15	Dibenz(a,h)antraceno	0.66	0.3006 (54.5)	0.3110 (52.9)
16	Benzo(g,h,i)perileno	0.83	0.2283 (72.5)	0.245 (70.5)
17	Indeno(1,2,3- cd)pireno	0.60	0.1203 (72.7)	0.0988 (83.5)

yes I want morebooks!

Buy your books fast and straightforward online - at one of world's fastest growing online book stores! Environmentally sound due to Print-on-Demand technologies.

Buy your books online at
www.morebooks.shop

Compre os seus livros mais rápido e diretamente na internet, em uma das livrarias on-line com o maior crescimento no mundo! Produção que protege o meio ambiente através das tecnologias de impressão sob demanda.

Compre os seus livros on-line em
www.morebooks.shop

Printed by Books on Demand GmbH, Norderstedt / Germany